离散优化
简明教程

A Concise Course in
Discrete Optimization

南开

主

副主

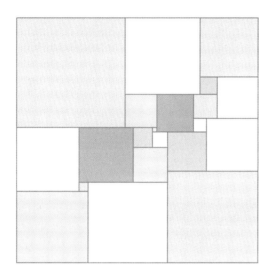

中国教育出版传媒集团

高等教育出版社·北京

党的二十大报告创新性地提出教育、科技和人才 "三位一体",并从 "实施科教兴国战略、强化现代化建设人才支撑" 的战略高度, 对 "办好人民满意的教育" 和 "加快建设高质量教育体系" 作出了新的部署. 报告明确指出要 "加强基础学科、新兴学科、交叉学科建设, 加快建设中国特色、世界一流的大学和优势学科", 强调要 "加强基础研究, 突出原创, 鼓励自由探索". 数学作为自然科学的基础, 也是重大技术创新发展的基石, 几乎所有重大科学发现都与数学的发展和进步密切相关. 当前, 数学已成为航空航天、国防安全、生物医药、信息科学、人工智能、数据科学、先进制造等领域不可或缺的重要支撑. 在这些领域中, 数学的应用发挥着关键作用, 推动了科学和技术的创新与进步.

离散优化是近几十年来应用数学的一个活跃分支, 它将运筹学、图论、离散数学、数学规划以及算法理论的方法和技巧结合起来, 解决离散结构上的最优化问题. 离散优化问题存在于现实生活的各个领域, 其中包括最短路问题、最小生成树问题、匹配问题、网络流问题、中国邮递员问题、旅行售货商问题、背包问题、排序问题、顶点覆盖问题等经典问题. 这些问题的理论和算法在许多领域都有广泛的应用.

随着离散优化在社会生活中的广泛应用, 越来越多的高等院校开设了离散优化课程, 然而大部分课程主要面向数学专业的研究生. 例如, 南开大学组合数学中心自 2003 年起就开设了研究生必修的 "组合优化" 课程, 该课程使用的教材是由 William J. Cook 等人编写、由李学良和史永堂翻译的《组合优化》[7]. 基于充分的调研和近两年的准备, 编者于 2021 年春季学期为南开大学数学科学学院本科生开设了选修课程 "离散优化". 该课程主要介绍离散优化的基本理论和方法、若干经典离散优化问题的模型和算法, 以及一些相关的应用. 课程一经开设, 便受到学生们的欢迎. 选修该课程的学生来自数学、统计、数据科学、化学、人工智能、金融、经济等多个学科专业. 在课程的讲授过程中, 编者发现缺乏适合本科生学习这门课程的教材. 因此, 在借鉴相关书籍的基础上, 编者结合多年为研究生讲授 "组合优化"、"算法复杂性分析"、"近似算法" 等课程的经验, 基于授课讲义编撰了这本教材.

本书具有以下特点:

1. 着眼于激发学生兴趣的内容安排: 通过引入现实生活中的案例, 将问题进行抽象和建模, 然后介绍相关概念、解释求解算法及原理, 最后用实例演示算法;

2. 注重科学普及的问题沿革介绍: 对涉及的背景和关键人物进行了简要介绍, 并在每章最后设置了拓展阅读;

3. 理论与实践相结合的习题设置: 本书的习题分为三类. "基础练习" 部分侧重于算法的演示, 强调对书中算法及理论的巩固; "提升练习" 部分侧重于理论, 关注理论的证明和推导; "实践练习" 部分侧重于建模和编程实验, 关注对现实问题的求解.

离散优化的范围非常广泛, 涉及的理论、算法和案例繁多. 本书作为教材, 仅能做初步介绍, 因此被称为简明教程. 本书共分 10 章: 第 1 章是导论; 第 2 章介绍了最小生成树问题; 第 3 章简要介绍了贪心算法与拟阵; 第4章介绍了最短路问题; 第5章介绍了网络流问题; 第6章介绍了匹配问题; 第7章介绍了中国邮递员问题; 第8章介绍了随机算法; 第9章介绍了 $\mathcal{NP}$ 类和 $\mathcal{NP}$-完全问题; 第10章介绍了近似算法.

本书语言通俗简练, 条理清楚, 逻辑性强, 案例和习题丰富, 易于广大师生和科技工作者学习阅读, 适合作为普通高校高年级本科生和研究生的专业教材, 以及高职高专院校相关专业的教材. 同时, 本书也可作为人工智能、数据科学、算法理论、经济、管理、工程技术等领域相关人员的基础参考书.

在 "离散优化" 课程的开设和本书的写作过程中, 我们得到许多专家学者的支持和鼓励, 在此表示衷心感谢. 本书的完成得到了高等教育出版社的大力支持, 特别是赵天夫、李鹏、和静等老师给予了全力的配合与帮助. 同时, 南开大学尤其是教务处、研究生院、数学科学学院和组合数学中心提供了重要的支持与资助, 使本书有幸入选南开大学 "十四五" 规划核心课程精品教材. 本书的出版也获得了国家自然科学基金委员会和南开大学基本科研业务费的资助.

本书是基于授课讲义完成的, 特别感谢2021年至2023年期间选修 "离散优化" 课程的同学们, 以及课程助教、博士研究生韦春燕同学对稿件的整理、完善和校对工作, 书中的部分插图由韦春燕同学亲自绘制. 最后, 感谢一直支持我们的同行、同事、家人和学生.

由于编者水平有限, 本书难免存在不足和错误之处, 诚恳希望能得到同行专家和读者的批评与指正, 对此我们深表谢意.

编者

2023 年 7 月

于南开大学

目 录

第 1 章

导　论

〔内容提要〕　　　离散优化　　算法　　图论　　线性规划

　　早上起床后如何有效规划一天的生活安排, 怎样选择上班路线更节省时间, 双十一购物节怎么下单比较省钱, 如此等等, 这些都是现实的生活问题. 这些问题怎样用数学语言来描述呢? 一个较好的规划是什么? 又该如何获得好的规划呢? 要回答这些问题, 我们先从一个耳熟能详的例子讲起.

　　妈妈让小明给客人烧水沏茶, 洗开水壶要用1分钟, 烧开水要用15分钟, 洗茶壶要用1分钟, 洗茶杯要用1分钟, 拿茶叶要用2分钟. 小明估算了一下, 完成这些工作要花20分钟. 为了使客人早点喝上茶, 你认为小明应该怎么安排? 不难发现, 小明洗开水壶需要1分钟, 在烧开水的15分钟时间里花1分钟洗茶壶、花1分钟洗茶杯、花2分钟拿茶叶, 所以至少需要16分钟客人才可以喝到茶.

　　如何统筹安排、最快地沏好茶就是一个比较简单的优化问题. 在一定条件限制下, 找到所求问题比较好的解决办法, 并且如果可能的话, 找到一个最优的解决方案, 这个最优方案被称为问题的最优解.

　　古人有云: "取其精华, 去其糟粕." 仔细思考, 这句话就蕴涵着一种优化思想. 为了成为一个更加优秀的人或是更好地保持一种品质并使之延续下去, 我们需要善于吸纳其中好的部分, 去掉不好的部分. 所以, 从古至今, 优化问题一直都伴随在我们身边.

　　优化问题按照变量特征, 大致可以分为两大类: 一类是连续变量的问题, 称为连续优化; 另一类是离散变量的问题, 称为离散优化 (也称作组合优化). 连续优化的问题, 一般是与一定范围的实数或者定义在一定范围的函数有关, 比如求解 $y = x^2 + 3$ 在区间 $[-2, 5]$ 上的最小值与最大值. 离散优化的问题, 需要围绕一个特定目标, 从一个有限集或者可数无穷集里寻找一个对象, 一般来讲, 它可以是一个整数、一个集合、一个排列或者一个图. 比如, 一个班有 28 个学生, 找出个子最高或身体指数 BMI 正常的学生.

离散优化是现代应用数学的一个重要分支, 属于数学与运筹、优化、统计、数据分析等多个领域交叉的范畴, 其问题存在于现实世界的各个角落. 当前, 人工智能、数据科学、网络安全等新兴学科和领域的快速发展, 也促使了大量大规模离散优化问题的诞生, 由此带来了离散优化领域新的发展和挑战, 离散优化领域也得到了越来越多的重视和关注.

1.1　离散优化的经典问题

本节简要介绍离散优化中的几个经典问题: 背包问题、旅行售货商问题、选址问题、最短路问题、网络流问题以及中国邮递员问题等.

❓ 问题 1.1 (背包问题)

输入:　　给定固定容量的背包, 以及 n 件不同价值的物品.

目标:　　找到最合适的装法, 使得背包里的物品总价值最大.　　　　□

背包问题最早可追溯到 1897 年数学家 T. Dantzig (T. 丹齐格, 1884–1956) 的文章, 至今这个问题已经被研究了一个多世纪.

在《阿里巴巴与四十大盗》的故事中, 阿里巴巴发现了很多珍宝, 但他只有一个背包, 在背包能承受的容量范围内, 他要如何选择才能使装入包内的物品总价值最高 (如图 1.1). 这就是著名的背包问题, 类似问题还有工厂里的下料问题、运输过程中货物的装载问题、装箱问题等.

❓ 问题 1.2 (旅行售货商问题)

输入:　　给定若干村庄以及连接这些村庄的道路.

目标:　　用最短的路线走遍所有村庄, 使得每个村庄恰好走一次, 并最终返回起点.　　　　□

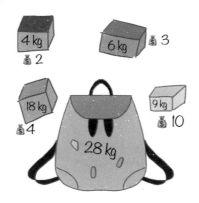

图 1.1 背包问题的一个实例.

一个在不同村庄之间行走的卖货郎, 从其中某个村庄出发, 经过若干村庄一次且仅一次, 最后再回到出发的村庄, 要如何选择行走路线才能使他所走的路程最短, 这就是著名的旅行售货商问题 (也称为货郎担问题, 即 Traveling Salesman Problem, 简称 TSP).

这个问题最早可以追溯到 1759 年 Euler 研究的骑士周游问题: 国际象棋棋盘有 64 个方格, 如何走遍棋盘, 且每个方格只访问一次, 并最终返回到起点. 实际上, 真正从数学上开始研究这个问题可能起源于爱尔兰数学家 W. R. Hamilton (哈密顿, 1805–1865) 和英国数学家 T. Kirkman (柯克曼, 1806–1895). 1856 年, Hamilton 设计了一个名为周游世界的游戏: 用正 12 面体的 20 个顶点表示世界上的 20 座大城市 (如图 1.2). 你从某个城市出发, 沿正 12 面体的棱行走, 在每个城市只去一次的情况下, 应该怎么走才能走完, 并最终回到出发点. 旅行售货商问题在实际生活中应用十分广泛, 比如物流公司配送货品时如何规划配送路线、如何合理规划道路交通、互联网中怎样增加节点使得信息传送更加快捷方便等.

? **问题 1.3** (选址问题)

输入: 在平面上给定多个设施和多名顾客.

目标: 确定某些设施的位置, 使得所选设施与所有顾客之间的总距离
          最小.   □

图 1.2 正 12 面体的游戏.

1909 年, 德国经济学家、社会学家 M. Weber (韦伯, 1864–1920) 研究了这样一个问题: 在平面上选取一个设施的位置, 使得所有顾客到这一设施之间的距离和最小, 自此正式开启了选址问题的研究 (如图 1.3). 随着研究的深入, 在选址问题的基础上加入其他因素的考虑, 产生了带固定费用和容量限制的选址问题、截流问题和动态选址问题等.

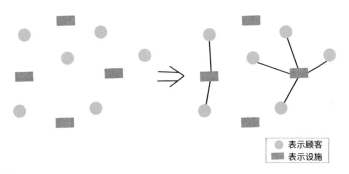

图 1.3 选址问题.

? **问题 1.4** (最短路问题)

输入: 给定连接各城镇的铁路网络.

目标: 确定其中某两个城镇之间的最短路线.   □

给出一个连接各城镇的铁路网络, 每条路的长度不同, 试求两个指定城镇之间的最短路线, 如图 1.4 示例.

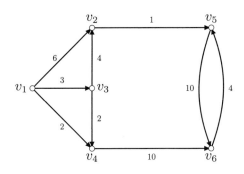

图 1.4 有向赋权图的一个实例.

对最短路问题的研究早在 20 世纪 60 年代以前就已卓有成效, 在 1959 年, 荷兰计算机科学家、图灵奖得主 E. W. Dijkstra (迪克斯彻, 1930–2002) 首次提出对赋权图的有效算法, 该算法能够解决两个指定点之间的最短路, 也可以求解图中某一特定点到其他各顶点的最短路. 最短路不仅可以指一般地理意义上的距离最短, 还可以引申到其他度量上, 如时间、费用等. 因此运用最短路问题可以解决交通运输管理系统、火灾救护、物流选址、网络空间建设等实际问题.

? 问题 1.5 (最大流最小割问题)

输入:　　给定网络中每条边的容量上限.

目标:　　确定从起点到终点的最大流.　　　　　　　　　□

L. R. Ford Jr. (福特, 1927–2017) 和 D. R. Fulkerson (福克逊, 1924–1976) 在 1956 年首次提出了最大流的标号算法, 并建立了 "网络流理论". 最大流问题是讨论如何充分利用装置的能力, 使得运输的流量最大, 以取得最佳效果. 这个问题在物流、供水网络中的水流、金融系统中的现金流等领域都有拓展, 应用十分广泛.

图 1.5 是从 r 到 s 的数据传输网络, 每条边上的数字表示最大传输速率, 那么最大流问题研究单位时间内从 r 到 s 最多可传输多少数据.

? 问题 1.6 (中国邮递员问题)

输入:　　给定某个区域的街道.

目标:　　邮递员从邮局出发, 用最短路线走遍所有街道再回到邮局.　　□

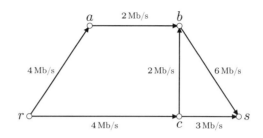

图 1.5 最大流最小割问题的一个实例.

中国邮递员问题可描述如下: 邮递员从邮局出发投递信件, 走遍所有需要投递的街道, 如何安排路线才能让他在最短时间内完成投递并返回邮局.

管梅谷先生关于邮递员问题的论文在 1960 年 12 月发表于《数学学报》, 1962 年其英文译文在美国刊出. 1965 年, 加拿大数学家 J. Edmonds (埃德蒙兹, 1934–) 称其为中国邮递员问题 (Chinese Postman Problem, CPP). 中国邮递员问题在许多领域得到广泛应用, 如一笔画问题 (如图 1.6)、大规模物流最优化方案的探索、洒水车最优洒水路线的选择等, 都可以使用中国邮递员问题的模型求解.

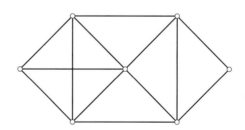

图 1.6 一笔画问题.

以上都是离散优化中的一些经典问题, 此处先做简单介绍, 我们将在后续章节中进一步深入介绍相关的数学描述、算法讲解以及应用.

1.2 算法简介

我们的生产、生活中处处都有离散优化问题: 出门游玩怎么选取最优路线, 快递员如何设计配送方案, 等等. 对于这些实际生活中的问题, 我们一般的求解步骤是:

- 建立实际问题的数学模型;
- 对数学模型中的问题进行理论分析, 设计求解该问题的算法;
- 在实例上运行算法, 并进行检验、分析, 最终得出结论用于指导实际决策.

在求解过程中, "算法"扮演着非常重要的角色. 算法是有限条指令的序列, 这个指令序列确定了解决某个问题的运算或操作的步骤. 输入规模则对问题求解的难易程度以及结果都有着重要的影响.

✓ **定义 1.1** (输入规模)
输入规模是指在给定由有理数数据表示的实例 I 中, 用二进制表示这些数据所需的总位数, 一般记为 $s(I)$. □

例 1.1 有理向量 $\boldsymbol{a} = (a_1, a_2, \ldots, a_n)$ 的输入规模是:
$$s(\boldsymbol{a}) = n + \sum_{i=1}^{n} s(a_i).$$
□

例 1.2 设 G 是具有 n 个顶点、m 条边的图, 则 G 的输入规模取决于我们表示图的方式. 一般来说, G 的输入规模被认为是 $\max\{n, m\}$ 或者 $n + m$. □

在给出输入规模的定义之后, 现在介绍一个判断算法性能的重要参数: 时间复杂度.

✓ **定义 1.2** (时间复杂度)
算法的时间复杂度是对算法运行快慢的度量, 一般是针对问题选择基本运算 (加、乘、除、比较), 用基本运算的次数来表示算法的效率, 运算次数越多, 效率就越低, 而且它可以视为输入规模的一个函数. □

在时间复杂度的分析中, 我们常用到下面的几个函数。

给定函数 $g : \mathbb{N} \to \mathbb{R}^+$, 定义:

$$O(g(n)) = \{ f : \mathbb{N} \to \mathbb{R}^+ \mid \text{存在 } c > 0,\, n_0 \in \mathbb{N}, \text{使得对任意 } n \geq n_0,$$
$$\text{有 } f(n) \leq cg(n) \};$$

$$\Omega(g(n)) = \{ f : \mathbb{N} \to \mathbb{R}^+ \mid \text{存在 } c > 0,\, n_0 \in \mathbb{N}, \text{使得对任意 } n \geq n_0,$$
$$\text{有 } f(n) \geq cg(n) \};$$

$$\Theta(g(n)) = \{ f(n) \in O(g(n)),\, f(n) \in \Omega(g(n)) \}.$$

例如, 我们记 $f(n) = 5n^2 + 3n$ 为 $O(n^2)$.

基于这些定义, 下面我们介绍计算复杂性理论中的一个重要衡量指标.

⊘ 定义 1.3 (多项式时间算法)

多项式时间算法 (有效算法) 是指其时间复杂度以关于输入规模的多项式函数为上界. 多项式时间算法通常被认为是 "好" 算法.   □

例 1.3 在欧氏旅行售货商问题中, 给出 n 个城市以及它们之间的距离 d_{ij}, 求解经过每个城市恰好一次的最短环游. 求解这一问题的最近邻点算法策略是: 从某个点出发, 选择离它最近的邻点, 依次做下去, 每一步都选取离上一步所选点最近的邻点.

那么在用最近邻点算法求解欧氏旅行售货商问题的过程中, 我们需要 $3n$ 次存储, 每次分 n 步来检查标记: 其中包括 3 次加法、2 次乘法和 1 次比较, 所以总的运行时间为 $3n + (n-1)(n + 6(n-1))$.   □

在离散优化中, 还有一些非多项式时间的算法, 如指数时间算法、阶乘时间算法等. 给定一个问题, 我们能否找到一个多项式时间算法呢? 回答这个问题是困难的, 这也是困扰无数专家学者的一个非常重大的问题.

依据时间复杂度和多项式时间算法的概念, 我们将离散优化中的问题进行分类, 其中有多项式时间算法的一类问题称为 $\mathcal{P}$ 类问题, 这类问题是比较好解决的.

⊘ **定义 1.4** (𝒫 类问题)

   𝒫 类问题: 可以在多项式时间内求解的问题类. □

有些问题已知有多项式时间算法, 而有些问题截至目前还没有找到多项式时间算法. 有一类问题虽然目前没有找到多项式时间算法, 但是我们可以在多项式时间内验证所给解的正确性, 这样的问题称为 𝒩𝒫 类问题.

⊘ **定义 1.5** (𝒩𝒫 类问题)

   𝒩𝒫 类问题 : 对判定问题的肯定回答,

   能够在多项式时间内验证这个回答的正确性. □

目前, 有很多离散优化问题尚无法确定是否存在多项式时间算法, 其中有一类被称为 𝒩𝒫-难问题. 对于 𝒩𝒫-难问题, 除非 𝒫 = 𝒩𝒫, 否则不存在多项式时间精确算法, 我们常利用多项式时间近似算法、启发式算法、固定参数算法等方法解决 𝒩𝒫-难问题. 有关时间复杂度的更多具体内容我们将在第 9 章中展开详细描述.

1.3 图论

图论在离散优化中具有重要地位. 很多离散优化问题 (如旅行售货商问题、最短路问题等) 都可以通过建立相应的图模型进行求解. 为了便于后续章节对离散优化问题的描述和理解, 我们这里介绍一些图论的基础知识.

图 $G = (V, E, \psi_G)$ 是包含顶点集和边集的有序对, 其中 $V(G) = \{v_1, v_2, \ldots, v_n\}$ 表示顶点集, $E(G) = \{e_1, e_2, \ldots, e_m\}$ 表示边集, ψ_G 是关联函数. 一般用 $|V|$ 表示图 G 中顶点的个数, 用 $|E|$ 表示图 G 中边的数目. 下面, 我们以图 1.7 中的图 G 为例, 介绍相关概念和符号.

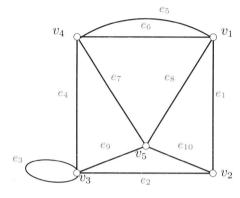

$$G = (V, E, \psi_G),$$
$$V = \{v_1, v_2, v_3, v_4, v_5\},$$
$$E = \{e_1, e_2, \ldots, e_9, e_{10}\},$$
$$\psi_G(e_1) = v_1 v_2, \ \psi_G(e_2) = v_2 v_3,$$
$$\psi_G(e_3) = v_3 v_3, \ \psi_G(e_4) = v_3 v_4,$$
$$\psi_G(e_5) = v_4 v_1, \ \psi_G(e_6) = v_4 v_1,$$
$$\psi_G(e_7) = v_4 v_5, \ \psi_G(e_8) = v_5 v_1,$$
$$\psi_G(e_9) = v_3 v_5, \ \psi_G(e_{10}) = v_5 v_2.$$

图 1.7 一个图 G 的例子.

□ **概念** 在图 G 中, 若 $\psi_G(e) = uv$, 则称 e 连接 u 和 v, 顶点 u 和 v 为 e 的端点, 也称端点 u 和 v 与边 e 关联, u 和 v 相邻. 其中, $d(v)$ 表示顶点 v 所关联边的数目, 称为顶点 v 的度; $N(v)$ 表示与顶点 v 关联的所有顶点的集合, 称为顶点 v 的邻域.   □

例如, 在图 1.7 中, $\psi_G(e_1) = v_1 v_2$, 我们称 e_1 连接 v_1 和 v_2, 端点 v_1 和 v_2 与边 e_1 关联; 且顶点 v_1 的度 $d(v_1) = 4$, 邻域 $N(v_1) = \{v_2, v_4, v_5\}$.

在图中, 也会有一些边的两个端点相同, 或者两个不同端点之间有不止一条边, 所以我们有自环和重边的概念.

□ **概念** 自环是指端点重合为一点的边; 重边或平行边是指具有相同端点的边.   □

例如, 在图 1.7 中, $\psi_G(e_3) = v_3 v_3$, 所以 e_3 为自环; $\psi_G(e_5) = v_4 v_1$, $\psi_G(e_6) = v_4 v_1$, 所以 e_5 和 e_6 是平行边.

在图论的研究中, 我们经常考虑一类简单的图, 即不考虑自环和重边.

□ **概念** 既没有自环也没有重边的图称为简单图.   □

在接下来的研究中, 我们把简单图作为重点研究对象. 例如图 1.8 是图 1.7 对应的简单图.

在图论问题中还有一些特殊的图类.

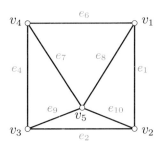

图 1.8 简单图的例子.

☐ **概念** 给定图 $G = (V, E)$, 若 V 中任意两点都相邻, 则称图 G 为完全图, 通常记为 K_n. 若顶点集合 V 可分解为互不相交的两部分 X 和 Y, 每条边的端点一个在 X 中、一个在 Y 中, 则称图 G 为二部图, 一般记为 $G[X, Y]$. 若顶点划分 X 中的每个点与 Y 中任意点都相邻, 则称图 G 为完全二部图, 通常记为 $K_{m,n}$.   ☐

例如图 1.9 为完全图、二部图、完全二部图的三种示例.

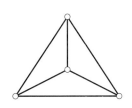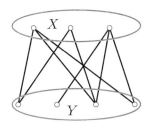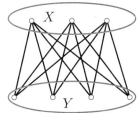

图 1.9 完全图 K_4, 二部图, 完全二部图 $K_{3,4}$.

☐ **概念** 补图: $G = (V, E)$ 的补图记为 $\overline{G}$, 其中 $V(\overline{G}) = V(G)$, $xy \in E(\overline{G}) \Leftrightarrow xy \notin E(G)$.   ☐

显然, 任意 n 个点的图 G 和它的补图 $\overline{G}$ 满足 $G \cup \overline{G} = K_n$. 例如图 1.10 中, 左图和右图互为补图, 且 $G \cup \overline{G} = K_5$.

前面我们介绍的图都是没有方向的, 但是有些离散优化问题涉及图中

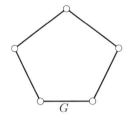
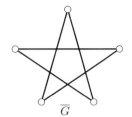

图 1.10 图 G 和 $\overline{G}$.

边的方向性, 例如在建立邮递员送信的图模型中, 有一些街道是单行道不可逆行, 这样的街道对应到图中就是一些有方向的边. 在图论中这类带方向的图也一直受到关注和研究.

☐ **概念** 有向图: 图中的每条边 $e = uv$ 都是有方向的: $u \to v$ 或者 $v \to u$, 其中箭头指向的一端称为头, 箭头起始的一端称为尾.

基础图: 去掉有向图中每条边上的方向得到的无向图.   ☐

例如图 1.11 是一个有向图, 对弧 $e_1 = v_1 v_2$ 来说, v_1 是尾, v_2 是头.

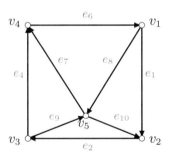

图 1.11 有向图的例子.

给定图 G 和 H, 若 $V(H) \subseteq V(G)$, $E(H) \subseteq E(G)$, 则称 H 是 G 的子图. 有时我们直接对原图进行结构分析会比较困难, 这时可以通过考虑一些性质良好的子图来研究原图的性质. 下面, 我们介绍图论中常用的几种子图.

■ **概念** 若 $H \subseteq G$, $H \neq G$, 即 $H \subsetneqq G$, 称 H 是 G 的真子图. 对给定顶点子集 $S \subseteq V$, S 的点导出子图指以 S 为顶点集, 两个端点全在 S 中的边的集合组成的子图, 一般记为 $G[S]$. 对给定边子集 $F \subseteq E$, F 的边导出子图是指以 F 为边集, F 中所有边的端点为顶点集组成的子图, 一般记为 $G[F]$.   □

例如, 图 1.12 是图 1.7 中图 G 的子图, 也是真子图. 图 1.13 是图 1.7 中图 G 的一个点导出子图 $G[S]$, 其中 $S = \{v_1, v_4, v_5\}$. 图 1.14 是图 1.7 中图 G 的一个边导出子图 $G[F]$, 其中 $F = \{e_6, e_7, e_8, e_{10}\}$.

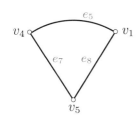

图 1.12 (真)子图.

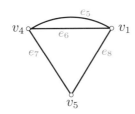

图 1.13 点导出子图.

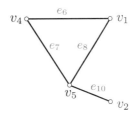

图 1.14 边导出子图.

■ **概念** 若 $V(H) = V(G)$, $E(H) \subseteq E(G)$, 则称 H 为 G 的**生成子图**.   □

例如, 图 1.15 是图 1.7 中图 G 的一个生成子图.

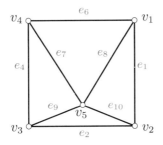

图 1.15 图 G 的生成子图 H.

图在计算机中是用矩阵存储的, 下面我们介绍图论中常用的两个矩阵, 其中 n 是顶点数, m 是边数.

☐　**概念**　邻接矩阵: $\boldsymbol{A}(G) = [a_{ij}]_{n \times n}$, 其中 a_{ij} 表示连接 v_i 和 v_j 的边的数目.　　　　　　　　　　　　　　　　　　　　　　　　　　　☐

邻接矩阵 $\boldsymbol{A}(G)$ 描述顶点之间的邻接关系, 是对称矩阵, 且每一列 (行) 的列 (行) 和为相应顶点的度, 即 $\sum\limits_{i=1}^{n} a_{ij} = d(v_j)$.

例如, 下面的矩阵 $\boldsymbol{A}$ 是图 1.7 中图 G 的邻接矩阵,

$$\boldsymbol{A} = \begin{array}{c} \\ v_1 \\ v_2 \\ v_3 \\ v_4 \\ v_5 \end{array} \begin{array}{c} \begin{array}{ccccc} v_1 & v_2 & v_3 & v_4 & v_5 \end{array} \\ \left(\begin{array}{ccccc} 0 & 1 & 0 & 2 & 1 \\ 1 & 0 & 1 & 0 & 1 \\ 0 & 1 & 2 & 1 & 1 \\ 2 & 0 & 1 & 0 & 1 \\ 1 & 1 & 1 & 1 & 0 \end{array} \right) \end{array}.$$

☐　**概念**　关联矩阵: $\boldsymbol{M}(G) = [m_{ij}]_{n \times m}$, 其中 m_{ij} 表示 v_i 和 e_j 关联的次数.　　　　　　　　　　　　　　　　　　　　　　　　　　　　☐

关联矩阵 $\boldsymbol{M}(G)$ 描述顶点与边之间的关联关系, 不一定是对称矩阵, 每一列的列和为 2, 每一行的行和为相应顶点的度, 即 $\sum\limits_{j=1}^{m} m_{ij} = d(v_i)$.

例如, 矩阵 $\boldsymbol{M}$ 是图 1.7 中图 G 的关联矩阵.

$$\boldsymbol{M} = \begin{array}{c} \\ v_1 \\ v_2 \\ v_3 \\ v_4 \\ v_5 \end{array} \begin{array}{c} \begin{array}{cccccccccc} e_1 & e_2 & e_3 & e_4 & e_5 & e_6 & e_7 & e_8 & e_9 & e_{10} \end{array} \\ \left(\begin{array}{cccccccccc} 1 & 0 & 0 & 0 & 1 & 1 & 0 & 1 & 0 & 0 \\ 1 & 1 & 0 & 0 & 0 & 0 & 0 & 0 & 0 & 1 \\ 0 & 1 & 2 & 1 & 0 & 0 & 0 & 0 & 1 & 0 \\ 0 & 0 & 0 & 1 & 1 & 1 & 1 & 0 & 0 & 0 \\ 0 & 0 & 0 & 0 & 0 & 0 & 1 & 1 & 1 & 1 \end{array} \right) \end{array}.$$

根据关联矩阵的列和、行和性质, 我们可以证明图论中一个非常有用的定理.

定理 1.1 **(握手定理)**

对 n 个顶点、m 条边的图, 我们有

$$\sum_{i=1}^{n} d(v_i) = 2m.$$ □

证明　用两种不同方法来计数关联矩阵 $\boldsymbol{M}$ 中的所有元素之和: 矩阵 $\boldsymbol{M}$ 的行和就是相应顶点的度数, 将所有行和加起来就是整个图的度和 $\sum_{i=1}^{n} d(v_i)$; 矩阵 $\boldsymbol{M}$ 每一列的和为 2, 所以将所有的列加起来就是 $2m$. 因此 $\sum_{i=1}^{n} d(v_i) = 2m$, 证毕. □

根据定理 1.1, 有下面的推论, 具体证明我们留作习题.

推论 1.1

图 G 中度为奇数的顶点个数为偶数. □

下面介绍两个图的同构.

□　**概念**　如果存在一一映射 $\theta : V(G) \to V(H)$, 使得 $uv \in E(G) \Longleftrightarrow \theta(u)\theta(v) \in E(H)$, 那么映射关系 θ 称为图 G 到 H 的一个同构映射, 称图 G 和 H 同构, 记为 $G \cong H$. □

　　例 1.4　图 1.16 是著名的 Petersen 图, 图 1.17 是它的一个同构图. 具体证明留作习题. □

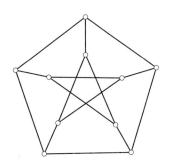

图 1.16 Petersen 图.

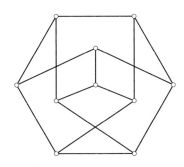

图 1.17 Petersen 图的一个同构图.

除了上面介绍的一些基本概念之外, 图论中还有很多常用的概念.

☐ **概念**

- **途径**: 有限非空的点、边交错序列, 满足对 $1 \leqslant i \leqslant k$, e_i 的端点是 v_{i-1} 和 v_i, 如 (v_0, v_k)-途径:

$$v_0 e_1 v_1 e_2 v_2 \ldots v_{k-1} e_k v_k,$$

  其中点、边均可以重复.

- **迹**: 边不重复的途径.

- **路**: 点不重复的迹.

- **圈**: 点不重复的闭迹.   ☐

给出路的概念之后, 我们考虑图中任意两点之间距离的度量定义.

☐ **概念** 图 G 中任意两点 u, v 的 距离 指它们之间最短路的长度, 一般记为 $d(u, v)$. 图 G 的 直径 指所有点对之间距离的最大值, 即

$$d(G) = \max_{u, v \in V(G)} \{d(u, v)\}.$$ ☐

下面介绍连通、割点等相关概念:

☐ **概念**

- **连通**: 如果图 G 中任意两个顶点 u 和 v 都有一条 (u, v)-路, 则称图 G 是连通的.

- **连通分支**: 极大的连通子图.

- **割边 e**: 去掉 e 之后, 图的连通分支数目增加.

- **割点 v**: 去掉 v 之后, 图的连通分支数目增加.

- **边割**: E 的非空真子集 F, 使得 G 去掉 F 中的边后, 图的连通分支数目增加. 给定图 $G = (V, E)$, 任意顶点子集 $A \subseteq V$, 定义

$$\delta(A) = \{e \in E \mid e = uv, \ u \in A, v \in V - A\},$$

$$\gamma(A) = \{e \in E \mid e = uv, \ u, v \in A\}.$$

- **点割**: V 的非空真子集 V', 使得 G 去掉 V' 中的顶点后, 图的连通分支数目增加.   ☐

关于割边有下面的充要条件, 定理的证明我们留作习题.

定理 1.2

图 G 的边 e 是割边当且仅当边 e 不包含在图 G 的任意一个圈中. □

有关二部图的判定我们有一个简单但非常重要的充要条件:

定理 1.3

一个图是二部图当且仅当它不包含奇圈. □

证明　一方面, 假设图 G 是二部图, 那么它的顶点可以分为两个部分 X 和 Y. 记 $C = v_1 v_2 \ldots v_k v_1$ 是图中任意圈. 我们不妨设 $v_1 \in X$. 根据 G 的二部性可得 $v_2 \in Y$. 依次类推, 遍历圈上的点, 有 $v_{2i-1} \in X$, $v_{2i} \in Y$, 因为 $v_1 \in X$, 所以 k 等于某个 $2i$, 故圈 C 是偶圈.

　　另一方面, 不失一般性, 我们考虑图 G 是连通的. 假设图 G 中没有奇圈. 任选一个顶点 $u \in V(G)$, 定义下面的一个划分 (X, Y):

$$X = \{x \in V(G) \mid d(u, x) \text{ 是偶数}\},$$

$$Y = \{y \in V(G) \mid d(u, y) \text{ 是奇数}\}.$$

　　任取 X 中两个不同的顶点 v 和 w, 由定义 u, v 之间存在一条最短的偶长路 P, 顶点 u, w 之间也存在一条最短的偶长路 Q. 我们分两种情形展开证明.

　　情形 1: P 和 Q 内部不相交. 若顶点 v 和 w 相邻, 那么 $uPvwQu$ 是一个奇圈, 与题设矛盾.

　　情形 2: P 和 Q 有交点, 如图 1.18 所示 (其中实线表示路 P, 红色的虚线表示路 Q).

　　记点 u_1 是 P 和 Q 的最后一个公共顶点. 因为 P 和 Q 都是最短路, 所以 (u, u_1)-路也是顶点 u 和 u_1 之间的最短路, 而且 $P_1 = (u_1, v)$-路和 $Q_1 = (u_1, w)$-路的长度有相同的奇偶性. 那么 (v, w)-路 $P_1^{-1} Q_1$ 是一条偶数长的路, 如果 v 和 w 相邻, 那么 $P_1^{-1} Q_1 wv$ 是一个奇圈, 与题

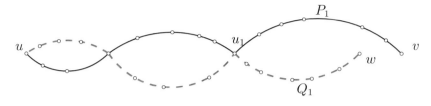

图 1.18 情形 2 示例.

设矛盾. 所以 X 中任意两个顶点都不相邻, 同理, Y 中的任意两个顶点也是如此. 证毕. □

图的独立数、匹配数等概念也是离散优化中比较重要的研究对象, 下面我们展开介绍.

□　**概念**　给定图 $G = (V, E)$, 如果在顶点集合 V 的非空子集 S 中, 任意两个顶点都不相邻, 那么称 S 是图 G 的**独立集**; 其中顶点个数最多的独立集称为图 G 的**最大独立集**; 最大独立集所包含顶点的数目称为**独立数**, 一般记作 $\alpha(G)$.　□

例如, 图 1.19 中黄色的点构成一个独立集, 图 1.20 中红色的点构成一个最大独立集.

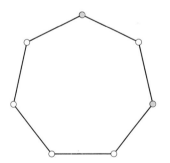

图 1.19 独立集.

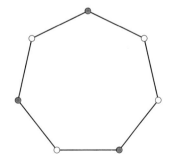

图 1.20 最大独立集.

☐ **概念** 给定图 $G = (V, E)$, 若边集 E 的非空子集 M 中任意两条边在 G 中均不相邻, 则称 M 是 G 的匹配; 覆盖图中所有顶点的匹配称为图 G 的完美匹配. 给定图 G 的匹配 M, 若增加图 G 的任意一条边到 M 中都使得 M 不再是匹配, 则称 M 是图 G 的极大匹配; 包含边数最多的匹配称为图 G 的最大匹配, 其中最大匹配中边的数目称为图 G 的匹配数, 一般记作 $\alpha'(G)$. ☐

极大匹配不一定是最大匹配, 例如图 1.21 和图 1.22 分别是极大匹配和最大匹配的实例.

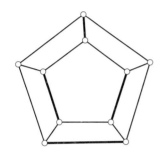 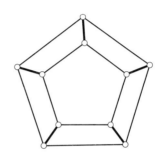

图 1.21 极大匹配.   图 1.22 最大匹配.

顶点覆盖问题也是离散优化中的一个重要问题, 我们将在后续章节中对该问题和相关算法展开详细描述. 下面我们先介绍一些基础概念.

☐ **概念** 给定图 $G = (V, E)$, 若 V 中非空子集 S 满足图 G 中任意边至少有一个端点在 S 中, 则称 S 是图 G 的一个顶点覆盖. 图中包含顶点数最少的覆盖称为最小顶点覆盖, 其中最小顶点覆盖所包含的顶点个数称为覆盖数, 一般记作 $\beta(G)$. ☐

例如图 1.23 中红色的点构成一个顶点覆盖, 也是一个最小顶点覆盖.

下面我们介绍一类特殊的图: 树.

☐ **概念** 给定图 $G = (V, E)$, 若 G 中不包含圈, 则称图 G 为无圈图. 这类无圈图我们也称为森林. 若图 G 不包含圈且连通, 则图 G 为树. 若图 G 的生成子图 H 是一棵树, 则称 H 为图 G 的一棵生成树. ☐

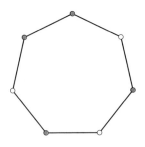

图 1.23 顶点覆盖.

根据上述概念, 我们知道森林的每一个连通分支都是树, 例如图 1.24 中所示的森林和树.

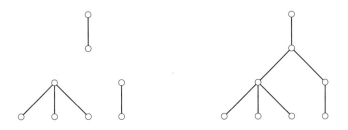

图 1.24 森林 (左图), 树 (右图).

定理 1.4

若图 G 的顶点数为 n, 边数为 $m = n - 1$, 则以下三个命题等价:

- G 是树;

- G 是连通的;

- G 是无圈的.   □

根据树的定义, 我们不难验证得到下面的性质.

性质 1.1 树有如下性质.

(1) 树中一定有叶子节点 (1 度点).

(2) 连接树中任意不相邻的两个点会产生唯一的圈.

(3) 树的每条边都是割边.

(4) 任意连通图都包含一棵生成树.

(5) 树是边数最少的连通图.   □

依据性质 1.1 中的 (4) 和 (5) 可知, 树在很多实际问题中有应用背景. 例如已知连接两个城镇 v_i 和 v_j 之间的花费 c_{ij}, 建设一个总花费最小的城镇交通网. 此时我们可以将问题抽象出来, 建立相应的图模型, 在图中寻找一棵权值最小的生成树. 寻找最小生成树也是离散优化中的一个经典问题, 我们将在后续章节具体展开讲解.

1.4 线性规划

线性规划是离散优化的一个重要分支, 1947 年 G. B. Dantzig (G. B. 丹齐格, 1914–2005) 提出单纯形法之后, 线性规划的理论日益趋向成熟, 单纯形法是目前解决实际线性规划所使用的最广泛的方法; 1979 年 L. G. Khachiyan (哈奇扬, 1952–2005) 证明线性规划可以在多项式时间内求解; 随着计算机软件的发展, 单纯形法可以处理具有成千上万个决策变量和约束条件的线性规划问题, 使线性规划的适用场景不断扩展, 对它的学习和了解是十分必要的.

□ **概念**

- **决策变量**: 未知变量 $X = (x_1, x_2, \ldots, x_n)$.
- **目标函数**: 决策变量及其有关的价值系数构成的线性函数, 一般要求目标函数最大化或者最小化.
- **约束条件**: 所求解问题需要满足决策变量的条件.
- **可行解**: 满足约束条件的解.
- **最优解**: 使目标函数达到最大值 (最小值) 的可行解.   □

线性规划有多种形式, 其标准形式可写为:

$$\max \quad z = c_1 x_1 + c_2 x_2 + \cdots + c_n x_n,$$

$$\text{s.t.} \begin{cases} a_{11} x_1 + a_{12} x_2 + \cdots + a_{1n} x_n = b_1, \\ a_{21} x_1 + a_{22} x_2 + \cdots + a_{2n} x_n = b_2, \\ \qquad\qquad\qquad \vdots \\ a_{m1} x_1 + a_{m2} x_2 + \cdots + a_{mn} x_n = b_m, \\ x_1, x_2, \ldots, x_n \geqslant 0, \end{cases} \tag{1.1}$$

其中 $x_1, x_2, \ldots, x_n$ 是变量, 等式 (1.1) 是约束条件, z 是目标函数. 写成矩阵形式为:

$$\max \quad z = \boldsymbol{C}^\top \boldsymbol{X},$$
$$\text{s.t.} \quad \boldsymbol{A}\boldsymbol{X} = \boldsymbol{b}, \tag{1.2}$$
$$\boldsymbol{X} \geqslant \boldsymbol{0},$$

其中

$$\boldsymbol{A} = \begin{bmatrix} a_{11} & a_{12} & \ldots & a_{1n} \\ \vdots & \vdots & & \vdots \\ a_{m1} & a_{m2} & \ldots & a_{mn} \end{bmatrix} = (\boldsymbol{P}_1, \boldsymbol{P}_2, \ldots, \boldsymbol{P}_n),$$

$$\boldsymbol{X} = \begin{bmatrix} x_1, \ldots, x_n \end{bmatrix}^\top, \quad \boldsymbol{b} = \begin{bmatrix} b_1, \ldots, b_m \end{bmatrix}^\top, \quad \boldsymbol{C} = \begin{bmatrix} c_1, \ldots, c_n \end{bmatrix}^\top,$$

这里 $\boldsymbol{A}$ 为 $m \times n$ 的系数矩阵, 每个 $\boldsymbol{P}_i$ 为列向量; $\boldsymbol{X}$ 为决策变量向量; $\boldsymbol{b} \in \mathbb{R}^m$ 为资源向量; $\boldsymbol{C}$ 为价值向量.

例 1.5 将下面的线性规划写成标准形式.

$$\max \quad z = 2x_1 + 3x_2,$$

$$\text{s.t.} \begin{cases} x_1 + 2x_2 \leqslant 8, \\ 4x_1 \quad\quad \leqslant 16, \\ \quad\quad 4x_2 \leqslant 12, \\ x_1, x_2 \geqslant 0. \end{cases} \qquad\qquad \square$$

解 在每个不等式的左端分别加入松弛变量 x_3, x_4, x_5, 使不等式变成

等式, 得到该问题的标准形式为:

$$\max \quad z = 2x_1 + 3x_2 + 0x_3 + 0x_4 + 0x_5,$$

$$\text{s.t.} \begin{cases} x_1 + 2x_2 + x_3 \qquad\qquad = 8, \\ 4x_1 \qquad\qquad + x_4 \qquad = 16, \\ \qquad 4x_2 \qquad\qquad + x_5 = 12, \\ x_1, x_2, x_3, x_4, x_5 \geqslant 0. \end{cases}$$

例 1.6 将下面的线性规划写成标准形式.

$$\min \quad z = 2x_1 + 3x_2 - 5x_3 + x_4,$$

$$\text{s.t.} \begin{cases} x_1 + x_2 - 3x_3 + x_4 \geqslant 5, \\ 2x_1 \qquad + 2x_3 - x_4 \leqslant 4, \\ \qquad x_2 + x_3 + x_4 = 6, \\ x_1, x_2, x_3 \geqslant 0, \ x_4 \text{ 无约束}. \end{cases}$$

解 (1) 用 $x_5 - x_6$ 替换 x_4, 其中 $x_5, x_6 \geqslant 0$.

(2) 第一个约束条件 $\geqslant$ 号的左端减去剩余变量 x_7.

(3) 第二个约束条件 $\leqslant$ 号的左端加上松弛变量 x_8.

(4) 令 $z' = -z$, 即求解 $\min z$ 改为 $\max z'$.

经过上述步骤得到该问题的标准形式为:

$$\max \quad z' = -2x_1 - 3x_2 + 5x_3 - x_5 + x_6 + 0x_7 + 0x_8,$$

$$\text{s.t.} \begin{cases} x_1 + x_2 - 3x_3 + x_5 - x_6 - x_7 \qquad\quad = 5, \\ 2x_1 \qquad + 2x_3 - x_5 + x_6 \qquad + x_8 = 4, \\ \qquad x_2 + x_3 + x_5 - x_6 \qquad\qquad = 6, \\ x_1, x_2, x_3, x_5, x_6, x_7, x_8 \geqslant 0. \end{cases}$$

很多时候原问题不容易解决, 我们可以考虑对同一问题从不同的角度观察, 这样就有了两种对立的表述, 也就是原问题和对偶问题. 表 1.1 是它们之间的相互转化关系:

表 1.1 转化对比表.

	原问题	对偶问题	
	$\max z$	$\min w$	
变量 $\begin{cases} \\ \\ \\ \\ \end{cases}$	n 个 $\geqslant 0$ $\leqslant 0$ 无约束	n 个 $\geqslant 0$ $\leqslant 0$ $=$	$\Big\}$ 约束条件
约束条件 $\begin{cases} \\ \\ \\ \end{cases}$	m 个 $\leqslant$ $\geqslant$ $=$	m 个 $\geqslant 0$ $\leqslant 0$ 无约束	$\Big\}$ 变量
目标函数变量中的系数		约束条件右端项	

例 1.7　例 1.5 的对偶问题为:

$$\min \quad w = 8y_1 + 16y_2 + 12y_3,$$

$$\text{s.t.} \quad \begin{cases} y_1 + 4y_2 \quad\quad\ \geqslant 2, \\ 2y_1 \quad\quad + 4y_3 \geqslant 3, \\ y_1, y_2, y_3 \geqslant 0. \end{cases}$$

$\square$

例 1.8　例 1.6 的对偶问题为:

$$\max \quad w = 5y_1 + 4y_2 + 6y_3,$$

$$\text{s.t.} \quad \begin{cases} y_1 + 2y_2 \quad\quad\ \leqslant 2, \\ y_1 \quad\quad + y_3 \leqslant 3, \\ -3y_1 + 2y_2 + y_3 \leqslant -5, \\ y_1 - y_2 + y_3 = 1, \\ y_1 \geqslant 0, y_2 \leqslant 0, y_3 \text{ 无约束}. \end{cases}$$

$\square$

在利用对偶问题求解线性规划问题时, 对偶定理对所求问题的可行解做出了保证.

定理 1.5 (对偶定理)

令 $\boldsymbol{A}$ 是 $m \times n$ 矩阵, $\boldsymbol{b} \in \mathbb{R}^m$, $\boldsymbol{c} \in \mathbb{R}^n$, 则

$$\max\{\boldsymbol{c}^\top \boldsymbol{x} : \boldsymbol{A}\boldsymbol{x} \leqslant \boldsymbol{b}\} = \min\{\boldsymbol{y}^\top \boldsymbol{b} : \boldsymbol{y}^\top \boldsymbol{A} = \boldsymbol{c}^\top, \boldsymbol{y} \geqslant \boldsymbol{0}\}. \quad \square$$

互补松弛定理在线性规划问题的求解中也十分重要.

定理 1.6 (**互补松弛定理**)

在线性规划问题中, 我们令 x^* 是 $\max\{c^\top x : Ax \leqslant b\}$ 的可行解, y^* 是 $\min\{y^\top b : y^\top A = c^\top, y \geqslant 0\}$ 的可行解, 那么 x^* 和 y^* 分别是最大和最小问题的最优解 $\Longleftrightarrow$ 对每个 $i \in \{1, 2, \ldots, m\}$, 要么 $y_i^* = 0$, 要么 $a_i x^* = b_i$ (互补松弛条件). □

1.5 拓展阅读

离散优化的起源

离散优化的研究历史十分丰富, 最早与离散优化有关的算法之一据说是匈牙利方法, 目前已被许多人看作算法设计的原型. 1955 年, H. B. Kuhn (库恩, 1925–2014) 在 [23] 中借鉴了 J. Egerváry 和 D. Kőnig 的一些想法和结果, 将其提出的算法命名为匈牙利方法. 2004 年, 期刊 *Naval Research Logistics Quarterly* (简称 NRL) 称 Kuhn 的这篇文章为自 1954 年以来在 NRL 上发表的最佳论文. 匈牙利方法已在实际应用 (如车辆交通) 中发挥着重要作用.

图论的起源

众所周知, 图论起源于一个非常经典的问题——哥尼斯堡七桥问题 (图 1.25). 普莱格尔河流经哥尼斯堡小城, 河中有两座小岛, 人们在四块陆地之间修建了七座小桥, 将河中间的两座小岛与河岸连接起来. 一个有趣的问题来了, 是不是可能存在这样的路径: 人们走遍四块陆地, 每座桥走一次而且只走一次?

1736 年, 瑞士数学家 L. Euler (欧拉, 1707–1783, 图 1.26) 解决了哥尼斯堡七桥问题. 他将四块陆地视为节点 (A, B, C, D), 七座小桥成为连接四个

图 1.25 哥尼斯堡七桥问题.　　　　　　　　　图 1.26 Euler.

节点的连线 $(a, b, \ldots, f)$, 从而证明了这样的路径是不存在的. 这一问题的研究被认为是图论的起源, Euler 也成为图论的创始人.

线性规划简介

关于线性规划问题起源的说法不一, 多种多样. 早在 19 世纪上半叶, 法国数学家 J. B. J. Fourier (傅里叶, 1768–1830) 似乎是第一个考虑线性不等式的, 他发明了一种方法, 今天通常被称为 Fourier-Motzkin 消去法, 可以解决线性规划的问题, 但是在他那个时代"线性规划"这个名词并没有出现. 1939 年苏联数学家 Kantorovich (康托罗维奇, 1912–1986) 在有关"生产组织与计划中的数学方法"的论文中提出线性规划问题. 1947 年, G. B. Dantzig 提出求解线性规划的单纯形法, 为这门学科奠定了基础. 1979 年, Khachiyan 改进了椭球方法, 并且证明了这是多项式时间可解的 [19]. 众多学者对线性规划的研究成果, 直接推动了其他数学规划问题的研究进展, 包括整数规划、随机规划等. 由于计算机的发展, 许多线性规划求解软件涌现出来, 如 LINGO、MATLAB 等都为人们研究线性规划问题提供了巨大便利.

基础练习　　1.　举出现实生活中离散优化的一个实例.

2.　下图 1.27 能否一笔完成?

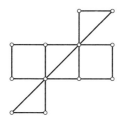

图 1.27

3.　求解给定线性规划问题的输入规模:

$$\max \quad z = \boldsymbol{c}^{\top}\boldsymbol{x},$$

$$\text{s.t.} \quad \boldsymbol{A}\boldsymbol{x} \leqslant \boldsymbol{b}.$$

4.　计算矩阵 $\boldsymbol{A} = (a_{ij})_{m \times n}$ 的输入规模, 其中每个 a_{ij} 为有理数.

5.　回顾前面介绍的 Petersen 图 (图 1.16):

　　(a) 计算它的邻接矩阵和关联矩阵;

　　(b) 计算它的独立数;

　　(c) 判断 Petersen 图中是否存在完美匹配, 若存在, 给出一个完美匹配; 若不存在, 给出它的最大匹配并计算匹配数.

6.　用单纯形法求解如下线性规划问题:

$$\max \quad z = 2x_1 + 3x_2,$$

$$\text{s.t.} \quad \begin{cases} x_1 + 2x_2 + x_3 \qquad\qquad = 8, \\ 4x_1 \qquad\quad + x_4 \qquad = 16, \\ \qquad 4x_2 \qquad\quad + x_5 = 12, \\ x_j \geqslant 0, j = 1, 2, \ldots, 5. \end{cases}$$

7.　写出下列线性规划问题的对偶问题:

$$\min \quad z = 2x_1 + 3x_2 - 5x_3 + x_4,$$

$$\text{s.t.} \quad \begin{cases} x_1 + x_2 - 3x_3 + x_4 \geqslant 5, \\ 2x_1 \qquad + 2x_3 - x_4 \leqslant 4, \\ \qquad x_2 + x_3 + x_4 = 6, \\ x_1 \leqslant 0, x_2, x_3 \geqslant 0, x_4 \text{ 无约束}. \end{cases}$$

8.　判断图 1.28 中的两个图是否同构.

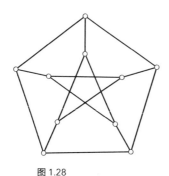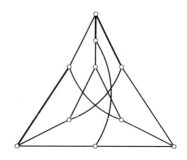

图 1.28

提升练习　1.　证明:

(a) 假如图 G 是简单图, 那么 $\left(\begin{smallmatrix}|E|\leqslant|V|\\2\end{smallmatrix}\right)$;

(b) 假如图 G 是完全二部图, 那么 $|E(K_{m,n})| = mn$.

2.　我们一般用 $\delta(G)$ 和 $\Delta(G)$ 表示图 G 的最小度和最大度. 利用握手定理 (定理 1.1), 证明: $\delta \leqslant 2|E|/|V| \leqslant \Delta$.

3.　证明: 在图 G 中若存在 (u, v)-途径, 那么也一定存在 (u, v)-路.

4.　假如 $e \in G$, 证明: $\omega(G) \leqslant \omega(G - e) \leqslant \omega(G) + 1$.

5.　查阅资料, 叙述一个多项式时间的简单算法.

6.　证明性质 1.1 中的 (1): 树中一定有叶子节点.

7.　证明推论 1.1: 任意图中度为奇数的顶点个数为偶数.

8.　证明定理 1.2.

9.　证明定理 1.4.

实践练习　1.　设计一个算法判定给定的 n 个正整数 $(a_1, a_2, \ldots, a_n)$ 中是否有某个数出现了两次, 并编程实现.

2.　填格子问题: 用 N 个整数 $(0, 1, 2, \ldots, N - 1)$ 去填充一个 $n \times n$ 的格子.

要求: (1) 格子的每行和每列元素各不相同;

(2) 对格子中任一元素 a_{ij}, 如果存在两个不同元素 a_{is} 和 a_{tj} 相等, 那么这个元素的第 s 列和第 t 行的所有元素都不等于 a_{ij}.

求满足条件的最小值 N, 或描绘出 N 的一个上界 (用 n 表示).

提示: $n = 2$ 时, $N = 3$,

0	1
1	2

$n = 3$ 时, $N = 6$,

0	1	2
1	3	4
2	4	5

那么, $n = 4, 5, 6, \ldots$ 时, $N = ?$ 通过编程实现 N 比较小的结果.

第 2 章
最小生成树问题

〈内容提要〉 最小生成树　　Prim 算法　　Kruskal 算法　　最小树形图　　Steiner 树

2.1 实际问题

了解树的基本概念之后, 本节将介绍树在交通网络、线路网络等图网络模型中的应用.

例 2.1 已知在某地的五座城市之间需要架设电话网, 使得任何两个城市之间都能互相通话 (中间可以途经别的城市), 目标是架设电话线的费用尽可能少. □

例 2.1 是一个实际问题, 我们可以将该问题用数学语言描述, 建立相应的图论模型, 具体如下: 将五座城市看作五个顶点, 两座城市之间若是架设电话线则连边, 每条边上的数值是架设电话线所需费用 (如图 2.1). 那么两座城市之间能够相互通话对应着两个顶点之间存在连通的路, 所求的架设

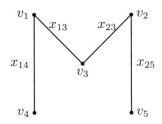

图 2.1 架设电话网.

电话线总费用最小等价于在图中所有边上的数值总和最小.

例2.2 某工厂连接六个车间的道路网如图2.2, 已知每条边上的标号是相应道路的长度, 求解应该如何沿着道路架设连接六个车间网络的网线, 使得网线的总长度最小. □

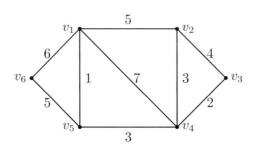

图 2.2 车间道路图.

我们注意到上面的图2.1和图2.2中, 每条边上都标有数字, 这对应着图论中的赋权图: 图 $G = (V, E)$ 的每条边 e 上都有一定的权值 $c(e)$, 其中权函数 $c : E \to \mathbb{R}^+$.

赋权图可以描述实际生产、生活中很多方面的问题, 在离散优化问题的研究中也十分常见, 最小生成树问题就是赋权图上的最优化问题之一. 以上两个例题中所涉及的架设电话线和网线都是要求满足连通性且总权值最小, 由第1章知识我们知道, 树是所有连通图中边数最少的图, 而且任意连通图都包含一棵生成树, 所以例2.1和例2.2可以转化为求解最小生成树问题.

❓ 问题 2.1 (最小生成树问题)

输入:　　　无向连通图 $G = (V, E)$, 权函数 $c : E \to \mathbb{R}^+$.

输出:　　　寻找图 G 中一棵权重最小的生成树. □

2.2 经典算法

关于在给定连通图中寻找最小生成树的问题, 有一个最简单、直接的想法: 即在每一步, 都将最短的边加到要寻找的结果中, 直到得到一棵生成树为止. 但这样的"贪心"做法是否可行? 我们得到的生成树是否最优?

早在 1957 年, 美国计算机科学家 R. C. Prim (普里姆, 1921–2021) 就引入了寻找最小生成树的算法 [32], 现称为 Prim 算法.

 算法 2.1 (Prim 算法)

输入: 无向连通图 $G = (V, E)$, 权 $c : E(G) \to \mathbb{R}^+$.

输出: 最小生成树 $T = (V, E')$, $E' \subseteq E$.

Step 1: 任取 $v_1 \in V(G)$, 记 $V(T) = \{v_1\}$, $E'(T) = \emptyset$, 即 $T := (\{v_1\}, \emptyset)$.

Step 2: 若 $V(T) \neq V(G)$, 选取不在 T 中的权值最小的边 $e_i \in \delta_G(V(T))$, 使 T 始终是一棵树, 更新 $V(T) := V(T \cup \{e_i\})$, $E'(T) := E'(T) \cup \{e_i\}$.

Step 3: 直到 $V(T) = V(G)$ 停止迭代, 否则回到 Step 2 继续循环. □

可以发现, Prim 算法在迭代过程中始终保证两个原则: 保证连通、不产生圈, 直至找到一棵生成树终止. 下面我们通过例 2.3 体会一下 Prim 算法的迭代过程.

例 2.3 用 Prim 算法求解图 2.3 中图 G 的最小生成树. □

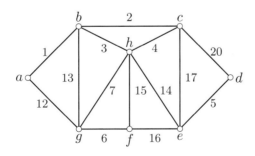

图 2.3 图 G.

解

第一步: 任选一点 a, 令 $T = \{\{a\}, \emptyset\}$;

第二步: $\delta_G(V(T)) = \{ab, ag\}$, 在保持 T 是一棵树的前提下选取权值最小的 ab 边并入 T 中, 更新 $T = (\{a, b\}, \{ab\})$;

迭代: 按照算法迭代步骤, 依次进行, 见表 2.1;

最后: 得到一棵最小生成树.

表 2.1 Prim 算法寻找最小生成树.

迭代次数	顶点 $V(T)$	$\delta_G(V(T))$	更新 $E(T)$	$c(T)$
初始	$\emptyset$	$\emptyset$	$\emptyset$	0
1	$\{a\}$	ab, ag	ab	1
2	$\{a, b\}$	ag, bc, bg, bh	ab, bc	3
3	$\{a, b, c\}$	ag, bg, bh, cd, ce, ch	ab, bc, bh	6
4	$\{a, b, c, h\}$	$ag, bg, cd, ce, ch, he, hf, hg$	ab, bc, bh, hg	13
5	$\{a, b, c, h, g\}$	$ag, bg, cd, ce, ch, he, hf, gf$	ab, bc, bh, hg, gf	19
6	$\{a, b, c, h, g, f\}$	$ag, bg, cd, ce, ch, hf, he, fe$	ab, bc, bh, hg, gf, he	33
7	$\{a, b, c, h, g, f, e\}$	$ag, bg, cd, ce, ch, hf, fe, ed$	$ab, bc, bh, hg, gf, he, ed$	38

按照 Prim 算法的步骤, 我们得到一棵最小生成树:

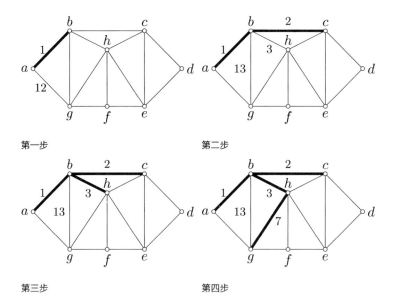

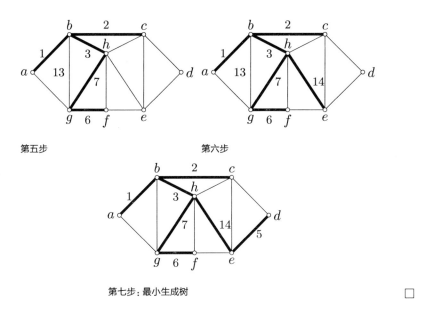

第五步   第六步

第七步: 最小生成树

但是通过 Prim 算法找到的结果是否最优呢? 时间复杂度又是多少?

定理 2.1

Prim 算法是正确的, 它的时间复杂度为 $O(n^2)$.

证明 显然我们得到的是一棵生成树. 下面证明这是一棵最小生成树.

设 $G = (V, E)$, 假设算法某一步得到的边集合 $B \subseteq E$ 包含在最小生成树 $H = (V, T)$ 中, e 是 $\delta(V(B))$ 中权值最小的边, 我们需要证明 $B \cup \{e\}$ 也包含在某个最小生成树中.

情形 1: 如果 $e \in T$, 则结论成立, 即 $B \cup \{e\}$ 包含在 T 中.

情形 2: 如果 $e = uv \notin T$, 设 P 是 H 中从 u 到 v 的路.

因为 $\delta(V(B))$ 是边割且 $e \in \delta(V(B))$, 所以 $G \backslash \delta(V(B))$ 中没有从 u 到 v 的路, 故存在边 $f \in P$ 使得 $f \in \delta(V(B))$, $c(e) \leqslant c(f)$, 所以 $(V, T \cup \{e\} \backslash \{f\})$ 也是一棵最小生成树, 而且包含 $B \cup \{e\}$.

关于这个算法的时间复杂度分析如下.

(1) 把 $V(T)$ 保存为一个特征向量,

$$x_u = \begin{cases} 1, & \text{若 } u \in V(T), \\ 0, & \text{其他.} \end{cases}$$

(2) 每一步遍历边集 $E(G)$, 检查是否 $x_u \neq x_v$, 进而检查每条边 $e = uv$ 是否属于 $\delta(V(T))$; 如果 $e \in \delta(V(T))$, 那么将 $c(e)$ 与当前最小值进行比较; 边 e 的选择在 $O(m)$ 内可以完成. 之后特征向量可以通过选取 $x_v = 1$ 来更新, v 是 e 的满足 $x_v = 0$ 的端点. 这个过程需要 $n-1$ 次, 所以时间复杂度为 $O(mn)$.

通过对算法的描述, 我们发现它的时间复杂度可以逐步改进.

(3) 更新 $V(T)$. 对每个 $v \notin V(T)$, 记录一条边 $h(v)$: 连接 v 到 T 的某个点的边中权值最小的那条边. 这样 e 可以作为 $h(v)$ 的最小者, 选择 e 需要 $O(n)$ 次; 但是 $h(v)$ 的值在每一步后都可能需要改变: 假如 $w \in V(T)$, $v \in V \backslash V(T)$, 存在一条边 $f = wv$ 满足 $c(f) < c(h(v))$, 那么更新 $h(v) = f$. 遍历这个过程又需要 $O(n)$ 次运算, 所以最后得到 $O(n^2)$ 的时间复杂度.

可以看出 (3) 的时间复杂度是对 $O(mn)$ 的一个改进.   □

求解最小生成树问题还有另一个著名的 Kruskal (J. B. Kruskal, 克鲁斯卡尔, 1928–2010) 算法. 与 Prim 算法不同, Kruskal 算法首先在连通图 G 中找到一个生成森林, 在不产生圈的条件下使森林的连通分支逐渐减少, 最终得到一棵最小生成树, 具体算法如下.

◈ 算法 2.2 (Kruskal 算法)

输入: 无向连通图 $G = (V, E)$, 权 $c : E(G) \to \mathbb{R}^+$.

输出: 最小生成树 $T = (V, E')$, $E' \subseteq E$.

Step 1: 将边按照权重大小进行排序, 即 $c(e_1) \leqslant c(e_2) \leqslant \cdots \leqslant c(e_m)$, 令 $T = (V, E)$, $E := \emptyset$.

Step 2: 按照权值从小到大顺序、在每次不产生圈的前提下更新 $E(T)$:

$$E = E \cup e_i, \quad T := (V, E).$$

Step 3: 如果 T 连通则算法停止, 否则回到 Step 2 继续迭代.   □

例 2.4 请用 Kruskal 算法求解例 2.3 中的最小生成树.   □

解

第一步: 记 $T = (V, \emptyset)$, 所有边按权重进行排序:

$$c(ab) < c(bc) < \cdots < c(ce) < c(cd);$$

第二步: 在 T 中加入边 ab, 更新 $T = (V, \{ab\})$;

迭代: 根据权值的排序, 在不产生圈的前提下依次循环更新 $E(T)$, 见表 2.2;

最后: 得到一棵最小生成树.

表 2.2 Kruskal 算法寻找最小生成树.

迭代次数	更新 $E(T)$	$c(T)$
初始	$\emptyset$	0
1	ab	1
2	ab, bc	3
3	ab, bc, bh	6
4	ab, bc, bh, de	11
5	ab, bc, bh, de, gf	17
6	ab, bc, bh, de, gf, gh	24
7	$ab, bc, bh, de, gf, gh, eh$	38

按照 Kruskal 算法的步骤得到一棵最小生成树:

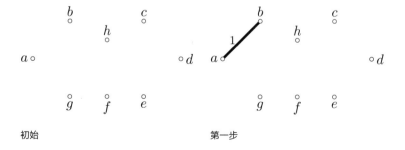

初始   第一步

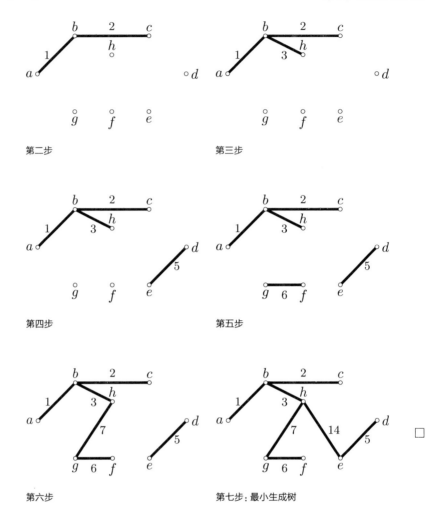

第二步

第三步

第四步

第五步

第六步

第七步: 最小生成树

由算法的步骤可以得知, 在 Kruskal 算法中需要对边按照权重大小排序, 还需要不断地"寻找"合适的边加入 T 中, 那么它的时间复杂度是多少呢? 得到的结果是否最优? 定理 2.2 给出了这些问题的答案.

定理 2.2

Kruskal 算法是正确的, 它的时间复杂度为 $O(m \log n)$. □

证明 显然算法得到的是一棵生成树 T. 现在证明 T 是最小生成树.

(反证法) 假设 G 中最小生成树为 T^1. 按照算法选取边的顺序, 取在 T 中但不在 T^1 中的第一条边 $e_i = v_i v_{i+1}$, 则 $T^1 \cup e_i$ 包含唯一的圈 C.

观察可得 C 中存在一条不同于 $e_1, e_2, \dots, e_{i-1}$ 的边, 记为 e_j. 由 e_i 的选取可知 $c(e_i) \leqslant c(e_j)$, 所以我们可以得到一棵新的生成树 $T^2 = T^1 \cup \{e_i\} \backslash \{e_j\}$, 且满足 $c(T^2) \leqslant c(T^1)$. 又因为 T^1 是图 G 的一棵最小生成树, 所以有 $c(T^1) \leqslant c(T^2)$, 那么 $c(T^2) = c(T^1)$.

按照这种方法继续选择在 T 中但不在 T^2 中的边, 更新生成树. 因为 T 是有限的, 所以一定可以更新完所有 T^1 中的边, 最终得到一棵生成树 $T^i = T$, 且

$$c(T^i) = c(T^{i-1}) = \dots = c(T^1) = c(T).$$

因此, T 是一棵最小生成树.

下面讨论时间复杂度, 需要验证两个方面:

(1) 对边的排序 $O(m \log m) = O(m \log n)$;

(2) 因为在 T 中加入新边时, 对 $e = uv$, 需要判定 u 和 v 是否在同一连通分支中, 我们要做 $2m$ 次寻找. 将 T 的分支看作一些 "块", 在寻找 v 所在的 "块" 并进行合并时使用到了并查集搜索的方法, 寻找合并的次数最多为 $\log n$ 次, 所以需要 $O(2m \log n)$.

因此, Kruskal 算法的时间复杂度为 $O(m \log n)$. $\qquad\square$

我们已知 Prim 算法和 Kruskal 算法都是基于 "贪心" 的思想, 在某种限制下, 每一步选取最小权值边, 直到找到一棵最小生成树, 并且根据上面的证明可以得到这两个算法找到的结果都是全局最优的.

在实际问题中, 我们有时还需要寻找图模型中的一棵最大权生成树, 那么可以通过改进 Prim 算法或 Kruskal 算法求解吗? 这个问题我们留给读者思考.

2.3 最小生成树与线性规划

最小生成树问题在实际生活中应用十分广泛, 事实上, 我们也可以用线性规划来描述最小生成树问题. 而且, 在离散优化中存在一个相关的线性规划问题, 使得每个最小生成树都为这个线性规划提供一个最优解. 依据这个关系, 我们对最小生成树与线性规划之间的转化以及求解进行简单描述. 我们首先介绍下面这个线性规划问题.

对任意的集合 A, 向量 $\boldsymbol{p} \in \mathbb{R}^A$ 及 $B \subseteq A$, 记 $P(B) = \sum_{j \in B} P_j$, 求解

$$\min \quad \boldsymbol{c}^\top \boldsymbol{x},$$

$$\text{s.t.} \quad \begin{cases} \boldsymbol{x}(\gamma(S)) \leqslant |S| - 1, \text{ 任意集合 } S, \emptyset \neq S \subset V, \\ \boldsymbol{x}(E) = |V| - 1, \\ x_e \geqslant 0, \text{ 任意 } e \in E. \end{cases} \quad (2.1)$$

令 S 是 V 的非空子集, T 是一棵最小生成树, $E(T)$ 是 T 的边集, $\boldsymbol{x}^0$ 是 T 的特征向量. 计算可知 $\boldsymbol{x}^0(\gamma(S)) = |T \cap \gamma(S)|$. 由于 T 中不含圈, 所以 $|T \cap \gamma(S)| \leqslant |S| - 1$, 且 $\boldsymbol{x}^0 \geqslant \boldsymbol{0}$, $\boldsymbol{x}^0(E) = |V| - 1$, 所以 $\boldsymbol{x}^0$ 是问题 (2.1) 的一个可行解, 而且有 $\boldsymbol{c}^\top \boldsymbol{x}^0 = \boldsymbol{c}(T)$, 所以可行解的目标值与最小生成树的权值相等. 这两个值之间的关系可以由 J. Edmonds 在 1971 年给出的一个定理证明.

定理 2.3

设 $\boldsymbol{x}^0$ 是关于费用 c 的一个最小生成树的特征向量, 那么 $\boldsymbol{x}^0$ 是问题 (2.1) 的最优解. □

证明留给读者自己探索.

2.4 最小树形图

在研究了无向图的情形之后, 我们考虑在有向图中是否也存在最小生成树? 如果存在, 要如何求解? 在离散优化中, 这类问题称为最小树形图问题. 在给出解决的算法之前, 我们先介绍一些基本的定义和结论.

□ **概念**

- 如果有向图 D 的基础图连通, 那么称 D 为连通的.

- 如果 D 的基础图是森林, 而且每个顶点 v 至多只有一条入边, 那么称 D 是一个分支. 一个连通的分支称为树形图.

- 若 $r \in V(D)$ 的入度为 0, 则称 r 为根节点, 称这个树形图根植于 r.   □

例 2.5 下面我们给出分支和树形图的例子, 如图 2.4 和 2.5 所示.   □

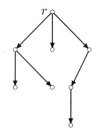

图 2.4 一些分支.   图 2.5 树形图.

根据定义, 若给有向图中每条边赋予一定的权值, 我们得到下面三个问题.

❓ **问题 2.2**

- 最大权分支问题: 有向图 D, 权函数 $c : E(D) \to \mathbb{R}$, 寻找 D 的一个最大权分支;

- 最小树形图问题: 有向图 D, 权函数 $c : E(D) \to \mathbb{R}$, 寻找 D 的

一个最小生成树形图或判断它的存在性;

- 最小带根树形图问题: 有向图 D, 顶点 $r \in V(D)$, 权函数 $c:$ $E(D) \to \mathbb{R}$, 寻找 D 的一个根植于 r 的最小生成树形图或判断 它的存在性. □

以上三个问题相互等价, 证明留给读者当作习题.

关于最小树形图问题, 早在 1965 年, 朱永津 (1931–2016) 和刘振宏 [45] 就提出了复杂度为 $O(nm)$ 的算法, 简称为 "Chu-Liu-Edmonds 算法".

算法 2.3 (Chu-Liu-Edmonds)

输入: 有向连通图 $D = (V, A)$, 权函数 $c : E(D) \to \mathbb{R}$.

输出: 找到经过所有顶点的一棵有向树形图, 使得边的权重之和最小.

Step 1:   清除自环, 在图 D 中找到所有顶点的入边中权值最小的弧集 A_0.

Step 2:   判断 A_0 中是否存在有向圈 C_0: 若存在进入 Step 3, 若不存在直接进入 Step 4.

Step 3:   对图 D 进行调整: 清除自环, 将有向圈 C_0 收缩为一个点, 保留 C_0 外的点与 C_0 内点的连边关系, 并进行权函数的重新标记, 得到一个新的图 D_1, 继续循环, 直到找到一个最小树形图 T_n.

Step 4:   展开 T_n 的收缩点, 得到图 D 的一棵最小有向树形图 T 及最小权重之和. □

注 在算法运行的过程中, 我们需要注意:

(1) 关于 Step 3 收缩点、权函数重新标记的问题, 步骤如下:

若有向圈 $V(C_0) = \{v_1, v_2, \ldots, v_i\}$, 将它们收缩为一点 x_0, 对于圈 C_0 外任意一点 v, 与 C_0 相关联的弧权函数如下重新定义.

(a) 点 v 到 x_0 的权重为 $c(v, x_0) = \min\{c(v, v_j) - c^*\}, 1 \leqslant j \leqslant i$, 其中 c^* 表示圈 C_0 中以点 v_j 为头的弧的权函数值;

(b) 点 x_0 到 v 的权重为 $c(x_0, v) = \min\{c(v_j, v)\}, 1 \leqslant j \leqslant i$.

(2) 关于展开收缩点的步骤如下:

根据最小树形图 T_n 确定连接点, 将收缩点展开为原来被收缩的有向圈, 并去掉有向圈中连接点的入边; 重复此操作, 直到还原所有顶点, 且是

一棵有向树形图终止.   □

例2.6 利用算法2.3求解图2.6中图 D 的最小树形图问题.   □

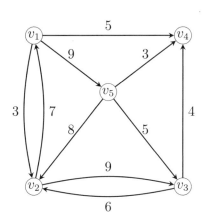

图 2.6 图 D.

解 第一步: 选择图 D 中所有顶点, 确定以这些顶点为头的弧的最小集合

$$A_0 = \{v_2v_1, v_1v_2, v_5v_3, v_5v_4, v_1v_5\};$$

第二步: 发现 A_0 中有圈 $C_0 = \{v_2v_1, v_1v_2\}$, 那么在图 D 中收缩 C_0 中的点 $\{v_1, v_2\}$ 为 x_0, 并更新相关弧的权函数值得到一个新的有向图 D_1;

第三步: 在图 D_1 中重复第一步的操作, 得到新的弧集

$$A_1 = \{v_3x_0, v_5v_3, v_5v_4, x_0v_5\};$$

第四步: 发现弧集 A_1 中依旧有圈 $C_1 = \{v_3x_0, v_5v_3, x_0v_5\}$, 所以在 D_1 中收缩 C_1 中点 $\{v_3, v_5, x_0\}$ 为 x_1, 更新权函数值得到 D_2;

第五步: 在 D_2 中找到一棵无圈的生成树 $T_2 = \{x_1v_4\}$, 且 $c(T) = 3$;

第六步: 展开收缩点 x_1, 确定连接点为 v_5, 在有向圈 C_1 中去掉以 v_5 为头的入边;

第七步: 继续展开收缩点 x_0, 确定连接点为 v_2, 同样操作最后得到图 D 的一棵最小有向树形图 T.

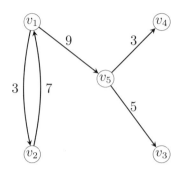

(a) 最小弧集 A_0

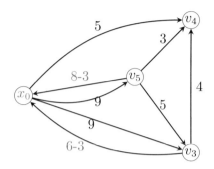

(b) 收缩掉有向圈, 得到新图 D_1

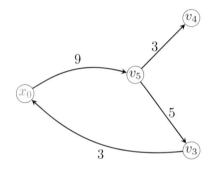

(c) 图 D_1 里的最小弧集 A_1

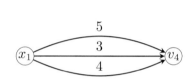

(d) 收缩有向圈得到 D_2, 故 $T_2=\{x_1v_4\}$

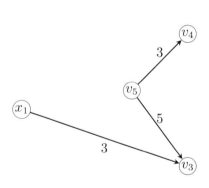

(e) 展开收缩点 x_1

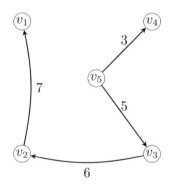

(f) 展开收缩点 x_0, 最终得到树形图 T

此算法需要注意的是, 收缩有向圈之后弧权值的更新以及还原收缩点的过程.

2.5 Steiner 树问题

Steiner 树问题以瑞士数学家 J. Steiner (斯坦纳, 1796–1863) 的名字命名, 也是离散优化中的经典问题之一. 最小生成树问题是在给定图中寻找最小权值的一棵生成树, 而 Steiner 树问题是在允许增加一些节点的条件下, 寻找最小权值的生成树, 所以说最小生成树问题是 Steiner 树问题的特例. 在展开介绍之前, 我们先给出一些基本概念.

◻ **概念**

- 给定度量空间上的若干点, 这些点称为**节点**;
- 连接这些点的极小树称为 **Steiner 树**;
- 在 Steiner 树问题中, 给定节点之外的点称为 **Steiner 点**.   ◻

Steiner 树问题是求一个将这些节点连接在一起的 Steiner 树, 使得树上所有边的长度之和最小.

例 2.7 图 2.7 是一棵 Steiner 树, 其中黑色的点表示节点, 白色的点表示 Steiner 点.   ◻

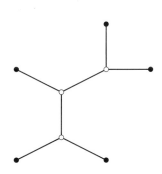

图 2.7 Steiner 树.

在不同的度量空间上, Steiner 树问题有不同的形式, 例如如下问题.

❓ 问题 2.3

- 欧氏 Steiner 最小树: 给定欧氏平面上有限个节点, 求连接所有节点的长度最小网络;

- 纵横 Steiner 最小树: 给定纵横平面上有限个节点, 求连接所有节点的长度最小网络;

- 网络 Steiner 最小树: 给定一个边赋权图 (称为网络) $G = (V, E)$ 及一个子集合 $P \subseteq V$ (P 中的顶点称为节点), 求连接 P 中所有节点的权最小的 G 的子网络. □

Steiner 树问题是一个经典的 $\mathcal{NP}$-难问题, 它有很多实际的应用, 包括计算机辅助电路设计、长途电话的路由等.

2.6　拓展阅读

最小生成树

最小生成树问题是离散优化的一个重要基石, 它的研究历史久远且内容十分丰富.

早在 1926 年, 捷克数学家 O. Borůvka (布卢瓦卡, 1899–1995) 发表了三篇论文, 其中两篇是优化方面的论文: [3] 发表在布尔诺当地的数学期刊上, [4] 发表在工程期刊《电工概述》(*Elektrotechnický obzor*) 上. 虽然 [4] 只有一页篇幅, 但却是一篇关键性文章, 它非常清晰地描述了 Borůvka 是如何理解最小生成树问题以及与之有关的算法的. Borůvka 在文中给出了一个示例 (使用 40 个城市作为顶点), 这源于他原始的研究动机——研究与摩拉维亚西南部电气化有关的问题. 在原始研究中, 他注意到一个假设: 任意两地之间的距离是不重要的. 有一次, 他提及: "我们可以假设任意两地之间的距离互不相同, 因为对于猜想而言, 从布尔诺到布热茨拉夫的距离无论是 50 km 还是 1 cm 都至关重要." 后来, 也就有了相关问题的研究.

算法 2.4 (Borůvka算法)

Step 1:   初始: 图 G 中所有边都未着色, 图 G 中每个顶点是一棵平凡的蓝色的树.

Step 2:   重复接下来的染色步骤, 直到只有一棵蓝色的树.

Step 3:   对于每一棵蓝色的树 T, 选择和 T 相连的未着色的权值最小的边, 将所有选中的边染成蓝色.   □

后来, Borůvka 的贡献得到了认可, 他的论文成为 20 世纪 60 年代对最小生成树问题研究的标准参考文献, [3] 也成为 Borůvka 被引用最多的论文.

Borůvka 对最小生成树算法的影响非常大, 著名学者 Kruskal 和 Prim 都引用过 [3], 后来他们分别提出基于"贪心"思想的最小生成树算法, 而且 1957 年, Prim 在贝尔实验室证明其算法在多项式时间 $O(n^2)$ 内是可解的.

基础练习   1.   分别用 Kruskal 算法和 Prim 算法找到图 2.8 的一棵最小生成树.

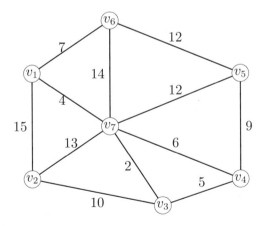

图 2.8

2.   求解图 2.9 中的最小树形图.

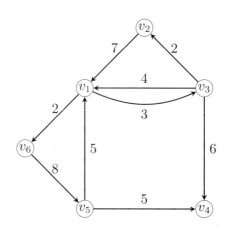

图 2.9

3.   思考: Kruskal 算法和 Prim 算法能否用于求解最大权生成树问题?
如果可以, 尝试写出具体的算法过程.

提升练习   1.   已知 Kruskal 算法和 Prim 算法都使用了贪心思想求解最小生成树,
下面介绍离散优化中一种最常用、最简单的方法.

证明下述算法可以找到连通图 G 的一棵最小生成树: 起始时,
令 $H = G$, 在每一步找一条使得 $H \setminus e$ 连通的最大费用边 e (如果存
在这样的边), 然后从 H 中删掉边 e.

利用这种算法求解图 2.8 中的最小生成树.

2.   验证 $O(m \log m) = O(m \log n)$.

3.   给出定理 2.3 的证明.

4.   证明: 最大权分支问题 $\Leftrightarrow$ 最小树形图问题 $\Leftrightarrow$ 最小带根树形图问题.

实践练习   举出实际生活中的一个案例, 建立相应的图模型, 并尝试用编程实现
通过 Kruskal 算法或 Prim 算法找到一棵最小生成树.

3

第 3 章
贪心算法与拟阵初步

〈内容提要〉　　　独立集系统　　贪心算法　　拟阵

在第 2 章求解最小生成树问题时, 我们已经采取"贪心"的思想进行算法设计和解答: 在某个限制条件下, 每一步尽可能选取权值最小的边加入循环迭代中. 例如, 在 Prim 算法中, 每一步的迭代我们都选择权值最小的边, 以此来达到全局最优. 并且在第 2 章中, 我们已经证明 Prim 算法求得的生成树是最优的, 那么这样的贪心思想在不同问题中是否都可行呢? 算法设计是否都可行呢? 带着这些问题, 我们展开本章的讲解.

3.1 贪心算法

采用"贪心"思想设计的算法一般被称为贪心算法.

⊘ 定义 3.1
贪心算法是指在求解问题时, 每一步只考虑当前 (局部) 的最优选择, 并不会从整体上最优来选择. □

事实上, 贪心算法有时候可以找到最优解, 有时候得不到最优解. 那么, 贪心算法在解决最优化问题时, 有效性的关键在哪里呢? 在离散优化中, 我们常常会将贪心算法与独立集系统、最大权独立集等联系起来, 其有效性与独立集系统有着密切的关系.

⊘ 定义 3.2
令 S 是有限集, $\mathcal{I}$ 是 S 的子集族, 如果 $(S, \mathcal{I})$ 满足以下两个条件:

(M1): $\emptyset \in \mathcal{I}$;

(M2): 如果 $I \in \mathcal{I}$, $J \subseteq I$, 那么 $J \in \mathcal{I}$,

则称 $(S, \mathcal{I})$ 是**独立集系统**. □

■ **概念** 在独立集系统的定义中, 每个集合 $I \in \mathcal{I}$ 称为**独立集**, 其他的每个集合称为**相关集**. □

通过下面的例题, 我们来加深对独立集系统定义的理解.

例 3.1 给定图 $G = (V, E)$, 权函数 $c : E \to \mathbb{R}^+$, 定义 $S = E$, $\mathcal{I} = \{F \subseteq S \mid G[F] \text{ 为森林}\}$. 可以验证 $(S, \mathcal{I})$ 是一个独立集系统. □

解 显然 $\emptyset \in \mathcal{I}$, 满足 (M1).

如果 $I \in \mathcal{I}$ 且 $J \subseteq I$, 即 I 导出 G 的一个森林, J 是 I 的一个子集, 那么 J 也可以导出 G 的一个森林, 所以 $J \in \mathcal{I}$, 满足 (M2).

综上所述, $(S, \mathcal{I})$ 是独立集系统. 证毕. □

在离散优化问题中, 与独立集系统有关的一个问题是: 最大权独立集问题.

❓ 问题 3.1 (最大权独立集问题)

<u>输入:</u>   独立集系统 $(S, \mathcal{I})$, 权函数 $c : S \to \mathbb{R}$.

<u>目标:</u>   寻找一个独立集 $I \in \mathcal{I}$, 使得 $c(I) = \sum_{x \in I} c(x)$ 最大. □

自然地, 大家会思考贪心算法是否适用于最大权独立集问题的求解, 由此得到如下算法, 这可以看作 Kruskal 算法的一个自然推广.

❖ 算法 3.1 (最大权独立集系统的贪心算法)

<u>输入:</u>   独立集系统 $(S, \mathcal{I})$, 权函数 $c : S \to \mathbb{R}$.

<u>输出:</u>   权重最大的独立集 $I \in \mathcal{I}$.

<u>Step 1:</u>   初始化 $I = \emptyset$.

<u>Step 2:</u>   当存在 $x \in S \backslash I$ 使得 $I \cup \{x\} \in \mathcal{I}$ 时, 选取权重最大的 x, 且令 $I = I \cup \{x\}$. □

我们可以发现算法 3.1 在寻找最大权独立集系统的过程中, 每一步加入权值最大的元素, 这与求解图 G 的最大权生成树十分类似.

问题 3.2 (最大权生成树问题)

输入: 图 $G = (V, E)$, 权函数 $c: E \to \mathbb{R}$.

输出: 图 G 的一个最大权生成树.

所以, 在例 3.1 所展示的独立集系统中, 寻找最大权独立集的问题等价于寻找图 G 的最大权生成树问题. 关于寻找最大权生成树, 我们还有下面的等价命题.

命题 3.1

下面的两个问题等价:

- 寻找图 G 的一个最大权生成树;
- 寻找图 G 的一个最小生成树.

证明 对任意 $e \in E(G)$, 令 $c'(e) = K - c(e)$, 其中 $K = 1 + \sum_{e \in E} c(e)$, 所以寻找 (G, c) 的最大权生成树等价于寻找 (G, c') 的最小生成树. □

注 贪心算法对有些独立集系统是无效的, 即不能得到最优解. 比如在寻找最大权匹配问题中应用贪心算法, 得到的结果并不是最优的. □

例 3.2 给定赋权无向图, 如图 3.1, 定义 $S = E$, $\mathcal{I} = \{M \subseteq S \mid M \text{ 是 } G \text{ 的匹配}\}$. 不难验证 $(S, \mathcal{I})$ 是独立集系统, 且在 $(S, \mathcal{I})$ 中寻找最大独立集问题等价于寻找图 3.1 的最大权匹配问题. 按照贪心算法寻找图中的一个最大权匹配, 并与图中的最优结果进行比较.

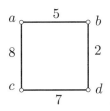

图 3.1 赋权无向图 $G = (V, E)$.

□

解 事实上, 按照贪心算法, 我们得到的最大权匹配为 $\{ac, bd\}$, 总权重为 10; 但是, 实际上的最大权匹配为 $\{ab, cd\}$, 总权重为 12. □

可以看到, 此时, 最大权独立集系统的贪心算法对这个独立集系统是失效的! 那么贪心算法对哪些独立集系统有效呢? 让我们来看下一节的内容.

3.2 拟阵简介

拟阵的概念起源于 1935 年, H. Whitney (惠特尼, 1907–1989) 在 [44] 中提出这一概念, 拟阵被视为图和矩阵概念的一种推广. 近年来, 拟阵理论得到诸多学者的关注和研究.

接下来, 我们介绍拟阵的一些基本概念、相关实例, 以及拟阵理论中的一些等价性条件与相关拓展.

⊙ 定义 3.3

独立集系统 $\mathcal{I}$ 称为拟阵, 如果它满足:

(M3) 若 $I, J \in \mathcal{I}, |I| < |J|$, 则存在 $x \in J \backslash I$ 使得 $I \cup \{x\} \in \mathcal{I}$. □

这里 (M3) 讲的是, 如果 I 和 J 是两个独立集且 $|I| < |J|$, 那么一定存在属于 J 但不属于 I 的元素 x, 使得 I 加入了 x 仍然是一个独立集.

下面我们介绍一些拟阵的例子.

例 3.3 k 一致拟阵: 给定集合 S 和整数 k, 其中

$$\mathcal{I} = \{I \subseteq S \mid |I| \leqslant k\}.$$ □

例 3.4 向量拟阵: 给定数域 $\mathbb{F}$ 上的 $m \times n$ 矩阵 $\boldsymbol{A}$, S 表示 $\boldsymbol{A}$ 的列向量集合, 其中 $\mathcal{I} = \{I \subseteq S \mid I$ 是一些线性无关的列集合$\}$, 拟阵记为

$$M[\boldsymbol{A}] = U_{m,n}.$$ □

例 3.5 图拟阵 $M = (S, \mathcal{I})$: 给定图 $G = (V, E)$, $S = E$, $\mathcal{I} = \{I \subseteq S \mid G[I]$ 为森林$\}$. □

图 G 的森林是指图 G 的无圈子图, 因此寻找图 G 的一个森林, 我们只需要在图 G 的所有子图中去掉圈子图.

以图 3.2 为例, 首先对图中所有边进行标号: $E = \{1, 2, 3, 4, 5, 6\}$, 其中它的所有圈子图的边集合为 1265, 3456, 1234, 以及包含它们的边集合, 记为 $\mathcal{J}$, 所以独立集族为:

$$\mathcal{I} = 2^E \backslash \mathcal{J}.$$

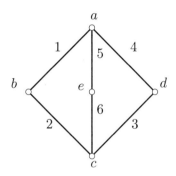

图 3.2 图 G.

例 3.6 匹配拟阵 $M = (S, \mathcal{I})$: 给定图 $G = (V, E)$, 其中 $S = V$, $\mathcal{I} = \{I \subseteq S \mid I$ 被某个匹配所覆盖$\}$.   □

以上这些例题的拟阵类型不同, 它们对应的独立集系统也不一样. 在拟阵理论中, 我们也希望寻找一种可以将元素分类的方法, 为此我们介绍下面的定义:

□ **概念** 给定两个拟阵 $M_1 = (S_1, \mathcal{I}_1)$ 和 $M_2 = (S_2, \mathcal{I}_2)$, 若存在映射 $\phi: S_1 \to S_2$ 满足

- 映射 ϕ 是一一映射;
- 对任意子集 $X \subseteq S_1$, $X \in \mathcal{I}_1$ 当且仅当 $\phi(X) \in \mathcal{I}_2$,

则称映射 ϕ 是从拟阵 M_1 到 M_2 的**同构映射**, 也称在映射 ϕ 下拟阵 M_1 同构于 M_2, 记作 $M_1 \cong M_2$.   □

例 3.7 考虑下面的两个拟阵 $M_1 = (S_1, \mathcal{I}_1)$ 和 $M_2 = (S_2, \mathcal{I}_2)$ 是否同构.

拟阵 $M_1 = (S_1, \mathcal{I}_1)$: 给定实数 $\mathbb{R}$ 上的矩阵 $\boldsymbol{A}$,

$$\boldsymbol{A} = \begin{array}{c} \begin{array}{cccc} a_1 & a_2 & a_3 & a_4 \end{array} \\ \begin{pmatrix} 1 & 0 & 0 & -1 \\ 0 & 1 & 0 & 0 \\ 0 & 0 & 1 & -1 \end{pmatrix} \end{array},$$

其中 $S_1 = \{a_1, a_2, a_3, a_4\}$ 为矩阵 $\boldsymbol{A}$ 的列向量的集合, a_i 表示矩阵 $\boldsymbol{A}$ 的第 i 列. 不难验证, 矩阵 $\boldsymbol{A}$ 的极大线性无关组有如下三个:

$$\{a_1, a_2, a_3\}, \{a_1, a_2, a_4\}, \{a_2, a_3, a_4\},$$

那么独立集族

$$\mathcal{I}_1 = \{\{a_1\}, \{a_2\}, \{a_3\}, \{a_4\}, \{a_1, a_2\}, \{a_1, a_3\}, \{a_1, a_4\}, \{a_2, a_3\},$$

$$\{a_2, a_4\}, \{a_3, a_4\}, \{a_1, a_2, a_3\}, \{a_1, a_2, a_4\}, \{a_2, a_3, a_4\}\}.$$

拟阵 $M_2 = (S_2, \mathcal{I}_2)$: 给定图 3.3, 其中 $S_2 = \{e_1, e_2, e_3, e_4\}$ 表示图 G 的边集, 不难验证它有三棵生成树, 边集合分别为:

$$\{e_1, e_2, e_3\}, \{e_1, e_2, e_4\}, \{e_2, e_3, e_4\},$$

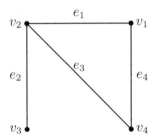

图 3.3 图 G.

所以集族

$$\mathcal{I}_1 = \{\{e_1\}, \{e_2\}, \{e_3\}, \{e_4\}, \{e_1, e_2\}, \{e_1, e_3\}, \{e_1, e_4\}, \{e_2, e_3\},$$

$$\{e_2, e_4\}, \{e_3, e_4\}, \{e_1, e_2, e_3\}, \{e_1, e_2, e_4\}, \{e_2, e_3, e_4\}\}.$$

虽然这两个拟阵一个从矩阵出发, 一个从图得到, 但是很明显可以看出, 这两个拟阵之间存在同构映射 $\phi(a_i) = e_i$ $(i \in [4])$, 即 $M_1 \cong M_2$. $\qquad \square$

有了拟阵同构的概念后, 我们介绍下面矩阵与拟阵的关系.

■ **概念** 给定拟阵 M, 假设存在某个域 $\mathbb{F}$ 上的矩阵 $\boldsymbol{A}$ 使得 $M \cong M_{\mathbb{F}}[\boldsymbol{A}]$, 那么称 M 是一个 **$\mathbb{F}$-可线性表示拟阵**, 或**可线性表示拟阵**; 矩阵 $\boldsymbol{A}$ 称为拟阵 M 的一个 **$\mathbb{F}$-线性表示**. 若存在图 G 使得 $M \cong M[G]$, 那么称 M 为**可图拟阵**. □

注 显然, 每个矩阵都可以导出一个拟阵, 例如给定 $GF(3)$ 上的 2×4 矩阵 $\boldsymbol{A}$:

$$\boldsymbol{A} = \begin{array}{cccc} a & b & c & d \\ \end{array} \\ \boldsymbol{A} = \begin{pmatrix} 1 & 0 & 1 & 1 \\ 0 & 1 & 1 & -1 \end{pmatrix}.$$

矩阵 $\boldsymbol{A}$ 的列向量集合记为 $S = \{a,b,c,d\}$, 那么

$$\mathcal{I} = \{\emptyset, \{a\}, \{b\}, \{c\}, \{d\}, \{a,b\}, \{a,c\}, \{a,d\}, \{b,c\}, \{b,d\}, \{c,d\}\},$$

这个拟阵常被记作 $U_{2,4}$.

并非每个拟阵都可以用矩阵表示, 例如非 Pappus (Pappus of Alexandria, 帕普斯, 约 290–约 350) 拟阵在任何域上都不能被矩阵表出, 有关这个拟阵的内容请读者自己查阅学习. □

类似于线性代数中矩阵的秩以及线性空间中基的概念, 在拟阵理论中, 我们也有基和秩的概念.

■ **概念** 给定拟阵 $M = (S, \mathcal{I})$, 集合 $U \subseteq S$:

- 给定子集 $B \subseteq U$, 如果 B 是 U 的极大独立子集, 即 $B \in \mathcal{I}$, 但不存在 I 使得 $B \subset I \subseteq U$, 则称 B 为 U 的**基**;

给定基的概念之后, 不难验证如下的 (M4) 与 (M3) 是等价的, 我们把证明留作习题.

> (M4) 对任意 $U \subseteq S$, U 的任意两个基都有相同的大小.

-      U 的基的大小称为 U 的秩, 记为 $r_M(U)$;
-      S 的基的大小称为拟阵 M 的秩, 记为 $r(M)$.   □

例 3.8 给定图 $G = (V, E)$, 令 $S = E$, $\mathcal{I} = \{I \subseteq S \mid G[I] \text{ 是森林}\}$. 考虑图拟阵 $(S, \mathcal{I})$ 秩函数的大小.   □

解 显然 $\emptyset$ 是一个森林, 且森林的任何子集都是森林. 取集合 $A \subseteq S$, 且令 I 为 A 的基, 那么 I 是图 G 的子图 $G_1 = (V, A)$ 的极大森林, 而且它的每一个连通分支都是一棵树. 因此, 将图 G_1 的顶点集合按照连通分支划分为 $V = V_1 \cup V_2 \cup \cdots \cup V_k$, 那么极大森林的边的数目为

$$|I| = \sum_{i=1}^{k} (|V_i| - 1) = |V| - k.$$

很明显, 基的大小并不依赖于集合 I, 所以对任意集合 $A \subseteq S$, 其秩函数为

$$r(A) = |V| - k,$$

其中, k 是指图 (V, A) 中连通分支的数目.   □

根据拟阵秩函数的定义, 我们可以直接得到下面的一些性质.

性质 3.1 给定拟阵 $M = (S, \mathcal{I})$, 记 $r(M)$ 是拟阵 M 的秩函数, 那么 $r(M)$ 满足下述性质:

-      对任意 $A \in 2^S$, 有 $0 \leqslant r(A) \leqslant |A|$;
-      若 $A \subseteq B \subseteq S$, 则 $r(A) \leqslant r(B)$ (单调性).   □

根据基的概念, 最大权独立集问题与拟阵之间有如下关系.

命题 3.2

如果所有权重都是非负的, 那么最大权独立集问题等价于寻找拟阵 M 的最大权重基.   □

类似于线性空间中极大线性无关子集、极大线性相关子集的概念, 在拟阵理论中, 有极小圈这一十分重要的概念.

- **概念** 给定拟阵 $M = (S, \mathcal{I})$:
  - 若子集 $A \in 2^S - \mathcal{I}$, 则称 A 是拟阵 M 的一个相关集;
  - 极小的相关集称为极小圈, 一般用 $\mathcal{C}(M)$ 表示拟阵 M 的全体极小圈的集合;
  - 当 $C \in \mathcal{C}(M)$ 且 $|C| = k$ 时, 我们称 C 为拟阵 M 的一个 k-极小圈. $\quad\square$

下面我们介绍与极小圈相关的命题.

命题 3.3

给定拟阵 $M = (S, \mathcal{I})$, 极小圈集合 $\mathcal{C}(M)$ 满足:

(A1) $\emptyset \notin \mathcal{C}(M)$;

(A2) 若 $C_1, C_2 \in \mathcal{C}(M)$ 且 $C_1 \subseteq C_2$, 则 $C_1 = C_2$;

(A3) 若 $C_1, C_2 \in \mathcal{C}(M)$ 且 $C_1 \neq C_2$, 存在 $e \in C_1 \cap C_2$, 则有 $C_3 \in \mathcal{C}$ 满足 $C_3 \subseteq (C_1 \cup C_2) - e$. $\quad\square$

证明 对于 (A1): 因为 M 是拟阵, 其中 $\mathcal{I}$ 满足 (M1)–(M3), 且 $\emptyset \in \mathcal{I}$, 所以 $\emptyset \notin \mathcal{C}(M)$.

对于 (A2): 若 $C_1, C_2 \in \mathcal{C}(M)$ 且 $C_1 \subseteq C_2$, 则有 $C_1 \in 2^S - \mathcal{I}$. 又因为 C_2 也是极小圈, 是 $2^S - \mathcal{I}$ 中的极小元, 所以有 $C_1 = C_2$.

对于 (A3): 设 $C_1, C_2 \in \mathcal{C}(M)$, 且 $C_1 \neq C_2$, $e \in C_1 \cap C_2$. 要证明 (A3), 只需证明 $(C_1 \cup C_2) - e \in 2^S - \mathcal{I}$. 假设 $(C_1 \cup C_2) - e \in \mathcal{I}$, 那么 $(C_1 \cup C_2) - e$ 是包含于 $C_1 \cup C_2$ 中的一个独立集.

取 $e_1 \in C_1 - C_2$, 因为 $C_1 \in \mathcal{C}(M)$, $C_1 - e_1$ 是也包含于 $C_1 \cup C_2$ 的一个独立集. 根据 (M3) 可知, 独立集 $C_1 - e_1$ 可扩充为包含于 $C_1 \cup C_2$ 的极大独立集 I. 由于 $C_2 \in \mathcal{C}(M)$, C_2 不可能是 I 的子集, 故一定存在 $e_2 \in C_2 - I$, 因此 $I \subseteq (C_1 - e_1) \cup (C_2 - e_2)$. 于是 $|I| \leqslant |C_1 \cup C_2| - 2$. 根据假设 $(C_1 \cup C_2) - e \in \mathcal{I}$, $|C_1 \cup C_2 - e| = |C_1 \cup C_2| - 1 > |I|$. 所以, I 不可能是包含于 $C_1 \cup C_2$ 的极大独立集, 矛盾. 故 $(C_1 \cup C_2) - e \notin \mathcal{I}$. $\quad\square$

下面我们介绍拟阵理论中基和极小圈的有关性质.

命题 3.4

给定拟阵 $M = (S, \mathcal{I})$ 及其基 B, 且 $x \in S - B$, 那么 $B \cup x$ 包含一个唯一的极小圈 C, 记作 $C(x, B)$.　　　　　　　　　　□

命题 3.5 (传递性)

给定拟阵 $M = (S, \mathcal{I})$ 和它的极小圈集合 $\mathcal{C}(M)$, 假设 $C_1, C_2 \in \mathcal{C}(M)$ 且 $e_1 \in C_1 - C_2$, $e_2 \in C_2 - C_1$ 及 $C_1 \cap C_2 \neq \emptyset$, 那么存在 $C_3 \in \mathcal{C}(M)$ 使得 $e_1, e_2 \in C_3 \subseteq C_1 \cup C_2$.　　　　　　　　　　□

在拟阵理论中, 很多概念都可以视为图论中相应概念的推广, 但是也有一些不太相同的地方. 比如: 若 G 是一个森林, $|V| = n$, $|E| = m$, 无论图 G 是否连通, 图拟阵 $M(G)$ 都同构于 $U_{m,n}$. 在 1966 年, W. T. Tutte (塔特, 1917–2002) 提出了拟阵理论中高阶连通度的概念 [41], 从此拟阵连通度的理论成为研究拟阵结构的一个重要工具.

□　**概念**　给定图 $G = (V, E)$, 设 M 是边集 E 上的拟阵, 任取 $e_1, e_2 \in E$, 定义等价关系: $e_1 \sim e_2$ 当且仅当 $e_1 = e_2$ 或存在 $C \in \mathcal{C}(M)$ 使得 $e_1, e_2 \in C$.

假设 $E_1, E_2, \ldots, E_c$ 是 $E(M)$ 上的 $\sim$ 等价类, 称 $M|E_i$ ($i \in [c]$) 是拟阵 M 的一个连通分支. 若 $E(M)$ 只有一个等价类, 则称 M 为连通拟阵.　□

在 1965 年, Tutte 给出通过拟阵得到极小圈图的构造方法以及连通拟阵存在性的充要条件 [48].

定理 3.1

定义拟阵 M 的极小圈图 $G(M)$: 顶点集为 $\mathcal{C}(M)$; 任取两个顶点 C_1, $C_2 \in \mathcal{C}(M)$, 它们在图 $G(M)$ 中满足:

(1) $M|(C_1 \cup C_2)$ 是连通拟阵, 且

(2) $r_M(C_1 \cup C_2) = |C_1 \cup C_2| - 2$.　　　　　　　　　　□

定理 3.2

假设 M 是无环拟阵, 则 M 是连通拟阵当且仅当 $G(M)$ 是连通图. □

3.3 贪心算法的正确性

给出拟阵的概念之后, 我们可以验证独立集系统 $(S, \mathcal{I})$ 是拟阵, 当且仅当 S 中任一子集的所有极大独立子集都含有同样多的元素.

下述定理 3.3 是本章的主要结果, 回答了本章开始提出的问题: 如果一个独立集系统是拟阵, 那么此时寻找最大权独立集的贪心算法是有效的.

定理 3.3

给定独立集系统 $(S, \mathcal{I})$, 权函数 $c : S \to \mathbb{R}^+$. 贪心算法可以找到独立集族 $\mathcal{I}$ 的最大权元素当且仅当 $(S, \mathcal{I})$ 是拟阵. □

证明 ($\Leftarrow$) 假设 $M = (S, \mathcal{I})$ 是拟阵, 令拟阵的秩 $r(M)$ 为 r, 设该贪心算法得到的解为 $B = \{e_1, e_2, \ldots, e_r\}$, 且 $c(e_1) \geqslant c(e_2) \geqslant \cdots \geqslant c(e_r)$.

(反证法) 假设存在一组基 $B' = \{f_1, f_2, \ldots, f_r\}$ 且 $c(f_1) \geqslant c(f_2) \geqslant \cdots \geqslant c(f_r)$, 使得 $c(B') > c(B)$, 取满足 $c(e_k) < c(f_k)$ 的最小 k, 显然 $k > 1$.

令 $I_1 = \{e_1, e_2, \ldots, e_{k-1}\}$, $I_2 = \{f_1, f_2, \ldots, f_k\}$. 因为 $|I_1| < |I_2|$, 所以由 (M3) 可得, 存在 $f_t \in I_2 - I_1$ 使得 $I_1 \cup \{f_t\} \in \mathcal{I}$, 故有 $c(f_t) \geqslant c(f_k) > c(e_k)$, 这与 e_k 的选取矛盾.

($\Rightarrow$) (反证法) 假设 $(S, \mathcal{I})$ 不满足 (M3), 即存在 $I_1, I_2 \in \mathcal{I}$, $|I_1| < |I_2|$, 满足对任意 $e \in I_2 - I_1$, 有 $I_1 \cup \{e\} \notin \mathcal{I}$.

令

$$c(e) = \begin{cases} 1, & e \in I_1 - I_2, \\ 1, & e \in I_1 \cap I_2, \\ x, & e \in I_2 - I_1, \\ 0, & \text{其他}, \end{cases}$$

其中 $\left| \frac{I_1 - I_2}{I_2 - I_1} \right| < x < 1$, 则由贪心算法得到的解为 I_1, 且 $c(I_1) = |I_1 - I_2| + |I_1 \cap I_2|$. 因为 $|I_2| > |I_1|$, 所以 $c(I_2) = |I_1 \cap I_2| + x|I_2 - I_1| > c(I_1)$, 矛盾. $\square$

在第 1 章介绍计算复杂性时, 我们依据与输入规模相关的最坏情况的步骤数进行度量, 那么拟阵理论能不能使用类似的方法? 有一种可能是通过列出所有的独立集, 但一般来说 $|\mathcal{I}|$ 关于 $|S|$ 是指数级的, 而且 S 上有许多不同的拟阵, 显然这是行不通的. 读者可以查阅资料了解度量拟阵算法的计算复杂性.

3.4 拓展阅读

拟阵理论最早由 Whitney [44] 于 1935 年提出, 他介绍了 "线性拟阵" 和 "图拟阵" 等实例, 建立了一系列等价公理, 并给出了一些基本结果. 在 Whitney 提出拟阵理论的同时, 也有一些学者提出类似的想法, 但是这些早期论文似乎都与优化关系不大. 接下来的二十年里, Whitney 的论文几乎也没有任何进展.

直到 20 世纪 50 年代后期, Tutte 发表了一些与拟阵理论有关的结果 [39, 40]. 他学生时代的研究背景也很有趣. 1935 年, 他成为剑桥大学三一学院化学专业的一名学生. 在第二次世界大战爆发后不久, 他被招募到布莱切利园 (Bletchley Park) 参与密码破译工作. 然而, 他对这项工作的杰出贡献因为保密原因, 直到五十多年后才被人知晓. 战争结束之后, Tutte 以一名数学家和学院研究员的身份回到了剑桥. 在其论文中, 他研究了"网"这一图的推广概念, 并将其描述为"介于图和拟阵之间"的对象. 最终, Tutte 发表了许多与拟阵理论有关的论文, 他解决了 Whitney 提出的几个基本问题. 这些结果对于优化理论非常重要, 比如, 理解图拟阵是理解哪些线性规划问题可以通过行操作和变量缩放简化为网络流问题的关键. 但是由于理解 Tutte 的论文过于困难, 拟阵与优化之间的关联性并没有立即得到公认.

在 1964 年, 也就是拟阵理论推出的约三十年后, 拟阵开始引起优化学者的注意. 仅仅几年时间, 拟阵理论和次模函数已经成为离散优化的一个重要组成部分.

关于拟阵的更多理论, 推荐读者参考 [48] 和 [30].

基础练习　　1. 依据命题 3.1, 尝试寻找图 3.4 的一棵最大权生成树.

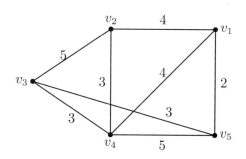

图 3.4

2. 假设集合 S 可划分为 m 个子集 $S_1, S_2, \ldots, S_m$, 给定 m 个整数 $k_1, k_2, \ldots, k_m$, 定义 $\mathcal{I} = \{I \subseteq S \mid |I \cap S_i| \leqslant k_i, 1 \leqslant i \leqslant m\}$, 证明: $(S, \mathcal{I})$ 是一个拟阵.
3. 证明 $|S| = 4$, 秩为 2 的一致拟阵不是图拟阵.
4. 每个矩阵都可以导出一个拟阵, 但不是每个拟阵都可以用一个矩阵来表示. 请举出反例.
5. 图拟阵的圈是什么?
6. 求解图 3.5 中的匹配拟阵.

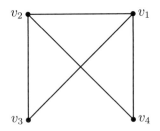

图 3.5

7.　给定图 3.6 中的简单图 $G = (V, E)$, 确定它的所有无圈生成子图的边
　　集的集族 $\mathcal{I}$.

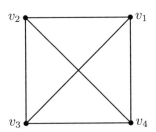

图 3.6 图 G.

8.　给定 $\mathbb{R}$ 上的矩阵 $\boldsymbol{A}$:

$$
\begin{array}{cccc}
a_1 & a_2 & a_3 & a_4
\end{array}
$$
$$
\boldsymbol{A} = \begin{pmatrix} 1 & 0 & 0 & -1 \\ 0 & 1 & 0 & 0 \\ 0 & 0 & 1 & -1 \\ 1 & 0 & -1 & 1 \end{pmatrix}.
$$

　　依据矩阵 $\boldsymbol{A}$ 的极大线性无关组, 求解矩阵 $\boldsymbol{A}$ 导出的拟阵 $M[\boldsymbol{A}]$.

提升练习　1.　证明下述定理.
　　　　　　　　定理　给定拟阵 $M = (S, \mathcal{I})$, 取 $I \in \mathcal{I}$ 且 $e \in S - I$, 则有 $I \cup e \in$
　　　　　　　　$\mathcal{I}$ 或 $I \cup e$ 包含一个极小圈 $C \in \mathcal{C}(M)$, 使得 $e \in C \subseteq I \cup e$.

2. 证明条件 (M3) 等价于条件 (M4).
3. 证明命题 3.5.

实践练习   设计求解图的最小顶点覆盖的贪心算法, 讨论算法是否可以得到最优解, 并给出证明. 如果不能得到最优解, 请讨论所得到的解与最优解的差距.

4

第 4 章

最短路问题

〈内容提要〉   最短路   可行势   Ford 算法   Dijkstra 算法   广探法

4.1 实际问题

已知图 4.1 是某座城市的单行线交通网, 箭头表示单行道的方向, 每个顶点表示一个地点, 每条弧表示两个地点之间的单行路线, 每条弧上的权值表示通过这条单行道所需要的费用 (这里的费用是一个统称, 可以指时间, 也可以指具体的能耗). 假若某人沿着这个交通网从 r 出发到达 q, 请问他应该如何行走使得总费用最小?

可以发现从 r 出发到达 q 的路线有多种选择:

$$r \rightarrow a \rightarrow p \rightarrow q \qquad 需要 \; 2 + 1 + 4 = 7 \; 单位费用,$$
$$r \rightarrow a \rightarrow b \rightarrow q \qquad 需要 \; 2 + 3 + 2 = 7 \; 单位费用,$$
$$r \rightarrow b \rightarrow q \qquad 需要 \; 4 + 2 = 6 \; 单位费用.$$

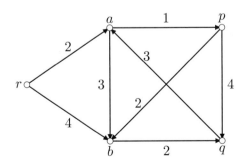

图 4.1 单行线交通网.

从 r 出发沿着交通网经过 b 最后到达 q 是一条最短路线, 仅需要 6 单位费用.

上述实例说明在交通网中寻找费用最小的问题时, 我们往往需要从多种方案中选取满足条件、花费最少的路线. 对应到离散优化中, 这就是著名的最短路问题.

给定赋权有向图 $D = (V, A)$, 每条弧 $a = (v_i, v_j) \in A$ 的权值为 c_{ij}, 从顶点 v_s 到顶点 v_t 的最短路问题是: 从 v_s 到 v_t 的路集合 $\mathcal{P} = \{P_1, \ldots, P_k\}$ 中选取权值

$$\boldsymbol{c}(P) = \min_{P_i \in \mathcal{P}} \{\boldsymbol{c}(P_i)\}$$

最小的路 P_i.

最短路问题在现实生活中有很多应用, 如管道铺设问题、工件加工问题等, 而且基于最短路问题还可以解决其他的优化问题.

4.2 经典算法

一般对实际生活中遇到的最短路问题, 我们可以通过建模构造相应的图模型, 将问题转化为图论问题, 进而利用有关算法解决实际问题. 在展开描述之前, 我们先回顾并介绍一些基础概念.

☐ **概念**

- 有向图: 给定图 $D = (V, A)$, 它的每条边都有一定的方向, 即对任意 $a = v_i v_j \in E$, 有 $a = v_i \to v_j$.
- 基础图: 每个有向图去掉所有弧的定向后变为一个无向图, 称这个无向图为它的基础图.
- 头: 箭头指向的一端, 如 v_j 是弧 a 的头.
- 尾: 箭头起始的一端, 如 v_i 是弧 a 的尾.
- 有向道: 有限非空的点、弧交错序列, 如 (v_0, v_k)-有向道: $v_0 a_1 v_1 \ldots v_{k-1} a_k v_k$, 每条弧 $a_i = (v_{i-1}, v_i), i = 1, 2, \ldots, k$, 其中点、弧均可重复.

- 有向迹: 弧不重复的有向道.
- 有向路: 点不重复的有向迹. □

例 4.1 图 4.2 是一个有向图的例子, 图 4.3 是它的基础图. 对弧 v_1v_2 来说: v_1 是尾, v_2 是头; $v_1v_2v_3v_2v_5$ 是一条 (v_1, v_5)-有向道, 也是一条 (v_1, v_5)-有向迹; $v_1v_2v_3v_5$ 是一条 (v_1, v_5)-有向路. □

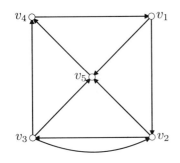
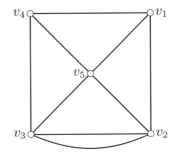

图 4.2 有向图.   图 4.3 基础图.

如何用图论的语言描述最短路问题呢? 我们给出如下具体描述.

? 问题 4.1 (最短路问题)

输入: 有向图 $D = (V, A)$, 顶点 $r \in V$, 实际费用函数 $c : A \to \mathbb{R}$.

输出: 对每个 $v \in V$, 找到一条从 r 到 v 的最小费用有向路. □

由观察可知, 任意最短路的子路也是最短路, 因此我们可以将最短路算法作为求解过程的子程序, 这对解决离散优化中的很多问题都大有用处.

在求解最短路问题中, 我们注意到, 图 4.1 中的道路都是单行道, 如果两点之间不存在有向路, 最短路问题自然也就无解, 那应该怎么办呢? 此时, 我们需要对图进行修正, 构造一个新的辅助图进行求解. 其中的一种方法就是添加带权值的新弧 (我们将权值应该定义为多少的问题留作练习), 使得一条权值最小的有向路包含新弧, 当且仅当有向图中不含这条有向路. 所以为了避免出现 "单行道" 的此类问题, 一般在最短路问题中, 我们都会假设图 D 中顶点 r 到任意一点都至少存在一条有向路.

下面我们来描述一下最短路问题求解的基本思想.

假设存在从 r 到所有顶点的有向路, 对每个顶点 v, 存在一条费用为 y_v 的 (r, v)-有向路. 如果我们可以找到一条弧 $vw \in E$, 使得

$$y_v + c(vw) < y_w,$$

那么就存在一条新的 (r, w) 有向路, 费用为 $y_v + c(vw)$, 比 y_w 更小;

若对任意 $v \in V$, y_v 是点 r 到点 v 的有向路中的最小费用, 则 y_v 满足

$$y_v + c(vw) \geqslant y_w \quad 对任意 vw \in E. \tag{4.1}$$

若 $y_r = 0$ 且 $y = y_v$ (对任意 $v \in V$) 满足条件 (4.1), 则称 y 是一个可行势.

可行势在最短路问题中, 给出了最小权值的一个下界, 如命题 4.1 所示.

命题 4.1

假设 y 是一个可行势, P 是 r 到 v 的有向路, 则 $c(P) \geqslant y_v$. $\qquad\square$

证明 记 $P = v_0 e_1 v_1 \ldots e_k v_k$, 其中 $v_0 = r$, $v_k = v$, 则根据可行势定义得:

$$c(P) = \sum_{i=1}^{k} c(e_i) \geqslant \sum_{i=1}^{k} (y_{v_i} - y_{v_{i-1}}) = y_{v_k} - y_{v_0} = y_v.$$

证毕. $\qquad\square$

因此, 在求解最短路问题的算法中, 命题 4.1 提供了一个终止条件: 存在可行势, 对每个顶点来说到达的有向路费用最小. 在算法的迭代过程中, 假设我们找到一条不满足条件 (4.1) 的弧 vw, 那么就可以更新 $y_w \leftarrow y_v + c(vw)$; 在不断寻找遍历的过程中, 最后找到一条最优的有向路.

在迭代的过程中, 我们将 $p(w)$ 定义为 w 的"前驱":

当 $y_w \leftarrow y_v + c(vw)$ 时, $p(w) = v$;

当 $v \in V \backslash \{r\}$, 即 v 的"前驱"未被确定时, $p(v) = -1$.

在有向图中, 通常使用 L_v 表示所有以 v 为尾的弧集合. 对某个顶点进行"检验"是指执行如下操作:

"检验"点 v, 是指对于弧 $vw \in L_v$,

如果弧 vw 不满足条件 (4.1),

那么更新 $y_w = y_v + c(vw)$ 且令 $p(w) = v$.

基于以上思想, L. R. Ford Jr. 于 1956 年给出了下面的最短路算法.

 算法 4.1 (Ford 算法)

输入:　　　有向图 $D = (V, A)$, 点 $r \in V$.

输出:　　　点 r 到其他顶点的最短路.

Step 1:　　初始化 y, p:
$$y_r = 0, \quad y_v = \infty \quad (v \neq r),$$
$$p(r) = 0, \quad p(v) = -1 \quad (v \neq r).$$

Step 2:　　当 y 不是可行势时, 找到一条不满足条件 (4.1) 的弧 vw, 更新
$$y_w = y_v + c(vw).$$

Step 3:　　直到找到一个可行势 y, 终止迭代.　　　　　　　　□

例 4.2 求解图 4.4 中点 r 到其他顶点的最短路.

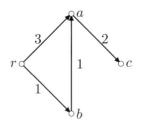

图 4.4

解 根据最短路算法, 得到表 4.1:

表 4.1 算法求解.

	初始	$vw = ra$	$vw = rb$	$vw = ac$	$vw = ba$	$vw = ac$
	$y\ p$	$y\ p$	$y\ p$	$y\ p$	$y\ p$	$y\ p$
r	$0\ 0$	$0\ 0$	$0\ 0$	$0\ 0$	$0\ 0$	$0\ 0$
a	$\infty\ -1$	$3\ r$	$3\ r$	$3\ r$	$2\ b$	$2\ b$
b	$\infty\ -1$	$\infty\ -1$	$1\ r$	$1\ r$	$1\ r$	$1\ r$
c	$\infty\ -1$	$\infty\ -1$	$\infty\ -1$	$5\ a$	$5\ a$	$4\ a$

所以点 r 到各点的最短路以及相应长度为:

$$r \to b \to a \qquad\qquad 路长为 2,$$

$$r \to b \qquad\qquad 路长为 1,$$

$$r \to b \to a \to c \qquad\qquad 路长为 4.$$

通过例 4.2, 我们更清楚地了解到 Ford 算法的运行步骤. 下面我们来看一下图 4.5 的例子, 在图中寻找点 r 到其他点的最短路, 运行 Ford 算法后得到表 4.2.

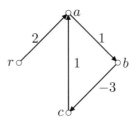

图 4.5 最短路求解.

表 4.2 计算后表格.

	初始	$vw = ra$	$vw = ab$	$vw = bc$	$vw = ca$	$vw = ab$
	$y\ p$	$y\ p$	$y\ p$	$y\ p$	$y\ p$	$y\ p$
r	$0\ 0$	$0\ 0$	$0\ 0$	$0\ 0$	$0\ 0$	$0\ 0$
a	$\infty\ -1$	$2\ r$	$2\ r$	$2\ r$	$1\ d$	$1\ d$
b	$\infty\ -1$	$\infty\ -1$	$3\ a$	$3\ a$	$3\ a$	$2\ a$
c	$\infty\ -1$	$\infty\ -1$	$\infty\ -1$	$0\ b$	$0\ b$	$0\ b$

此时, 如果再使用 Ford 算法就会使迭代陷入循环状态, 无法终止. 我们思考一下, 导致 Ford 算法失效的原因是什么呢? 我们可以注意到, 图中边的费用有负值, 而且有向圈 $abca$ 的费用之和为 -1, 也就是说, 在这个赋权有向图中存在负费用有向圈.

因此在算法的迭代过程中, 负费用有向圈 $abca$ 的存在会使得某个 y_v 任意小, 趋于 $-\infty$, 这样就会导致原图中不存在最小费用有向路.

在没有负费用有向圈的前提下, Ford 算法可以在有限步后终止迭代, 并给出最后结果, 但我们仍需研究这个算法的正确性及时间复杂度 [7].

定理 4.1

如果赋权有向图 $(G, \boldsymbol{c})$ 不含负费用有向圈, 那么 Ford 算法在有限步后终止. 在终止时, 对每个 $v \in V$, p 定义了一条从 r 到 v 的费用为 y_v 的最小费用有向路. $\qquad \square$

证明 (1) 算法在有限步终止. 因为在图 G 中存在有限条简单的有向路, 而且对 y_v 有有限个可能的值, 每一步其中一个在减少 (没有增加), 所以最终算法会终止.

(2) 在算法终止时, 对每个 v, p 定义了一条 (r, v)-最小费用有向路: $P = (e_1, e_2, \ldots, e_k)$, $e_i = v_{i-1} v_i$, 其中 $v_0 = r$, $v_k = v$. 那么它的费用 $\leqslant \sum (y_{v_i} - y_{v_{i-1}}) = y_v - y_r = y_v$.

同时, 在算法未终止时, $\boldsymbol{c}(P) \geqslant y_v$, 这是因为

$$\boldsymbol{c}(P) = \sum_{i=1}^{k} \boldsymbol{c}(e_i) \geqslant \sum_{i=1}^{k} (y_{v_i} - y_{v_{i-1}}) = y_{v_k} - y_{v_0} = y_v.$$

证毕. $\qquad \square$

定理 4.2

赋权有向图 (G, c) 存在可行势的充要条件是它没有负费用有向圈. □

证明 ($\Rightarrow$) 显然成立.

($\Leftarrow$) 在 (G, c) 中添加一个新的顶点 r, 对任意 $v \in G$ 添加弧 rv, 且 $c(rv) = 0$, 我们得到图 (G', c'). 由于原图 (G, c) 中不含负费用有向圈, 所以在图 (G', c') 中仍不含负费用有向圈, 那么我们可以使用 Ford 算法, 且在算法终止时可以给出原图 (G, c) 的一个可行势.

证毕. □

以上两个定理充分保证了 Ford 算法的时间复杂度.

命题 4.2

若每条弧的权值为整数, 且有向图 D 不包含负费用有向圈, 则 Ford 算法在至多 Cn^2 个弧更新之后终止迭代, 其中 $C = 2\max(|c(e)| : e \in E) + 1$. □

我们把这个命题的证明留作习题.

如果遇到负费用有向圈, 又该如何解决呢?

仔细观察 Ford 算法, 可以注意到执行过程的关键在于弧的选择顺序, 并且如果我们恰当地存储 y 和 p 的值, 那么可以在常数时间内执行 Ford 算法的每一个步骤. 假如执行 Ford 算法时按照如下顺序考虑有向路 P 中的每条边:

$P = v_0 e_1 v_1 \ldots e_k v_k$ 表示从 $r = v_0$ 到 $v = v_k$ 的有向路; 对弧 e_1 有

$$y_{v_1} \leqslant y_r + c(e_1) \leqslant c(e_1);$$

对弧 e_2 有

$$y_{v_2} \leqslant y_{v_1} + c(e_2) \leqslant c(e_1) + c(e_2).$$

按照这样依次考虑 $e_1, e_2, \ldots, e_k$, 我们会有

$$c(P) \geqslant y_v.$$

按照上面的思想依次选择弧, 我们得到一个序列, 用 $\mathcal{S}$ 来表示. 如果在执行 Ford 算法时有向路 P 的弧以 $\mathcal{S}$ 的子序列出现, 称 P 被嵌入到 $\mathcal{S}$ 中, 且满足 $c(P) \geqslant y_v$.

因此如果图 D 的每条有向路都被嵌入到 $\mathcal{S}_1, \mathcal{S}_2, \ldots, \mathcal{S}_{n-1}$ 这样的排序中 (对每个 $\mathcal{S}_i$, $i \in [n-1]$ 是弧集 E 的一个排序), 那么 Ford 算法在使用这样一个排序, 也就是在遍历 E 的序列时, 每条弧都可以在多项式时间内处理. 根据这个思想, 我们得到一个新的最短路算法, 即 Ford-Bellman 算法. 1958 年, R. E. Bellman (贝尔曼, 1920–1984) 似乎第一次证明这个算法的多项式时间界为 $O(mn)$.

 算法 4.2 (Ford-Bellman 算法)

输入: 有向图 $D = (V, A)$, 点 $r \in V$.

输出: 点 r 到其他顶点的最短路.

迭代: 初始化 y, p, 令 $i = 0$.

While $i < n$ 且 y 不是可行势时,

$$i \leftarrow i + 1,$$

for 任意 $e = vw$, 若加入边 e 违反 (4.1), 更新

$$y_w = y_v + c(vw). \qquad \square$$

例 4.3 利用 Ford-Bellman 算法求解图 4.6 中点 A 到各点的最短路.

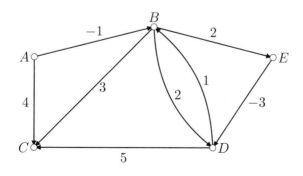

图 4.6

$\square$

解 执行 Ford-Bellman 算法, 得到下面的表 4.3.

表 4.3 计算后表格.

		A	B	C	D	E
A	初始	0	∞	∞	∞	∞
	AB	0	-1	∞	∞	∞
	AC	0	-1	4	∞	∞
B	BC	0	-1	2	∞	∞
	BE	0	-1	2	∞	1
	BD	0	-1	2	1	1
E	ED	0	-1	2	-2	1
D	DB	0	-1	2	-2	1

所以得到 A 到图中各点的最短路长如表中最后一行所示.　　　　　□

为了后面描述方便, 我们定义操作 "扫描 v", 是指对 v 执行如下步骤: 对以 v 为尾的弧 vw, 如果 vw 违反 (4.1), 则更新 $y_w = y_v + C(vw)$. 所以 Ford-Bellman 算法的最后两行可用如下内容替换:

> for $v \in V$
>
> 　　扫描 v.

定理 4.3 对 Ford-Bellman 算法求解最短路问题提供了多项式时间的保证, 参阅 [7].

定理 4.3

对每个 $v \in V$, Ford-Bellman 算法正确计算出 r 到 v 的一条最小费用有向路 (若结束时 $i < n$), 或正确检查出存在负费用有向圈 (若结束时 $i = n$). 无论哪种情况, 算法均可在 $O(mn)$ 时间内完成运行.　　　□

感兴趣的读者可以查阅资料, 了解定理具体的证明, 这里我们不再做展开讲述.

4.3 无圈有向图

在前面小节中, 我们介绍了存在有向圈和负费用有向圈的情形, 本节我们介绍有向图中不存在有向圈的情形. 首先, 我们介绍拓扑排序的概念.

☐ **概念** 给定顶点集 V 的一个排序 $(v_1, v_2, \ldots, v_n)$, 若 $v_i v_j \in A$, 则 $i < j$, 我们称这样的一个排序为 V 的一个拓扑排序.   ☐

例 4.4 给出图 4.7 的拓扑排序.   ☐

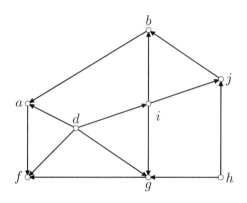

图 4.7

解 图 4.7 中的一个拓扑排序为: d, h, i, g, j, b, a, f.   ☐

根据定义, 拓扑排序与判断有向图中是否有圈互为充要条件.

命题 4.3

有向图 D 中有拓扑排序当且仅当图 D 是无圈的.   ☐

证明 ($\Rightarrow$) 显然成立.

($\Leftarrow$) 若图 D 无圈, 则总会存在一个顶点 $v \in V$ 满足如下条件: 对于 V 中的任意点 u, 不存在 $uv \in A$. 那么去掉顶点 v, 剩余的图仍然是无圈的; 重复这一过程, 最终可以找到有向图 D 的一个拓扑排序.   ☐

依据命题 4.3, 我们得到无圈有向图的最短路算法.

◈ **算法** 4.3 (无圈有向图的最短路算法)

输入: 无圈有向图 $D = (V, A)$, 令 $r = v_1$.

输出: 找到 r 到各点的最短路.

Step 1: 找到一个拓扑排序 $(v_1, v_2, \ldots, v_n)$.

Step 2: 初始化 y, p.

Step 3: 对 $i = 1$ 到 n, 扫描 v_i.   □

　　这个算法是在多项式时间内可解的, 算法的时间复杂度是 $O(m)$, 我们将证明留作练习.

　　例 4.5　根据例 4.4 中求得的拓扑排序, 求解图 4.8 中点 d 到其他顶点之间的最短路.   □

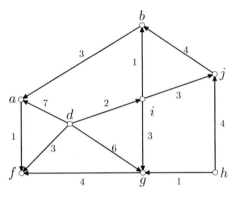

图 4.8

　　解　依据拓扑排序: d, h, i, g, j, b, a, f 以及 Ford 算法可得点 d 到各点的最短路以及相应长度为:

d 到 h	路长为 ∞,
$d \to i$	路长为 2,
$d \to i \to g$	路长为 5,
$d \to i \to j$	路长为 5,
$d \to i \to b$	路长为 3,
$d \to i \to b \to a$	路长为 6,
$d \to f$	路长为 3.

□

4.4 非负费用

实际生活中遇到的很多最短路问题, 在对应的图模型中, 弧的权值都是非负的, 这似乎是最短路问题的一个"特例". 面对这种情况, 我们接下来介绍一个更简洁的算法.

Dijkstra算法

如同算法 4.3, 我们选择弧的顺序在迭代过程中由顶点顺序确定, 因此, 在解决非负费用有向图的最短路问题时, 我们也给出类似的命题.

命题 4.4

给定图 $D = (V, A)$, 对所有 $v \in V$, 令 y'_v 表示选择 v 之后 y_v 的值, 如果点 u 先于点 v 被检验, 那么 $y'_u \leqslant y'_v$.   □

证明 (反证法) 假设 $y'_u > y'_v$, 且 v 是满足此条件最早被检验的顶点.

情形 1: 当选择 u 被检验时, $y'_u = y_u \leqslant y_v$;

情形 2: 在 u 被检验以后, v 被检验以前, y_v 降低到小于 y'_u 的一个值, 所以不妨设在某个 w 被检验时, $y_v = y'_w + c(wv)$, 它的值变小, 有 $y'_v \geqslant y_v = y'_w + c(wv) \geqslant y'_u$, 矛盾. 证毕.   □

定理 4.4

给定图 $D = (V, A)$, 在全部点被检验后, 对任意的 $vw \in A$, 有

$$y_v + c(vw) \geqslant y_w.$$

  □

证明 (反证法) 假设存在某个点 w 被检验之后, y_v 的值变小了, 但是 $c(wv) \geqslant 0$, 所以有 $y_v = y'_w + c(wv) \geqslant y'_v$, 矛盾. 证毕.   □

基于上述结论, 1959 年, E. W. Dijkstra (迪克斯彻, 1930–2002) 提出相关的有效算法, 现在被称为 Dijkstra 算法.

◈ **算法 4.4** (Dijkstra 算法)

输入:　　　非负费用有向图 $D = (V, A)$, 点 $r \in V$.

输出:　　　点 r 到其他顶点的最短路.

Step 1:　　初始化 y, p, 令 $S = V$.

Step 2:　　当 $S \neq \varnothing$ 时, 选取 S 中满足 y_v 最小的 v, 从 S 中删去 v.
　　　　　　扫描 v.　　　　　　　　　　　　　　　　　　　　　　　　□

例 4.6　利用 Dijkstra 算法求解图 4.9 中点 r 到各个顶点的最短路.　　□

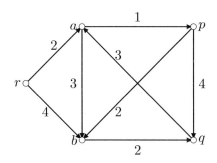

图 4.9

解　运行 Dijkstra 算法可得表 4.4.　　　　　　　　　　　　　　□

表 4.4　求解结果.

S	r	a	p	b	q
$\{r, a, p, b, q\}$	0	∞	∞	∞	∞
$\{a, p, b, q\}$		2	∞	4	∞
$\{p, b, q\}$			3	4	∞
$\{b, q\}$				4	7
$\{q\}$					6

　　在离散优化中, 如果一个算法的运行时间是多项式时间, 我们称这个算法是 "好算法". Dijkstra 算法就是被 Edmonds 称为好算法的一个例子.

定理 4.5

给定赋权有向图 $D = (V, A)$, 如果任意权值 $c \geqslant 0$, 那么最短路问题可以在 $O(n^2)$ 时间内解决.   □

我们将定理的证明留作练习.

任给赋权有向图 $D = (V, A)$, 如果我们刚好知道一个可行势 y, 可以利用 y 将费用向量 $\boldsymbol{c}$ 转化为一个非负向量 $\boldsymbol{c}'$:

$$\boldsymbol{c}'(vw) = \boldsymbol{c}(vw) + y_v - y_w, \quad \text{其中} \ vw \in A,$$

这样不会改变最小费用有向路 (因为对任意 (r, s)-有向路 P: $\boldsymbol{c}'(P) = \boldsymbol{c}(P) + y_r - y_s$). 所以, 我们可以对新的非负费用有向图使用 Dijkstra 算法, 求解最短路问题.

 算法 4.5 (所有点对的最短路问题算法)

输入:　　 赋权有向图 $D = (V, A)$.

输出:　　 所有点对之间的最短路.

情形 A:　 非负费用情况, n 次 Dijkstra 算法.

情形 B:　 一般情形:

　Step 1: 用 Ford-Bellman 算法在 $O(mn)$ 时间内寻找一个可行势 y;

　Step 2: 利用可行势 y 将费用转化为非负;

　Step 3: 用 n 或 $n-1$ 次 Dijkstra 算法.   □

这个算法的时间复杂度是 $O(n \cdot S(n, m))$, 其中 $S(n, m)$ 是指在 n 个顶点、m 条弧的有向图上解决非负费用最短路问题所需要的时间.

单位费用最短路问题和广探法

前面我们介绍了一般赋权图上的最短路问题以及算法, 这里我们考虑没有权重或者权重均为 1 的情形.

? 问题 4.2

给定有向图 $D = (V, A)$, 找到一条从 r 到 v 的有向路使其包含尽可能少的弧 (等价于所有弧费用都为 1 的最短路问题).   □

针对这个问题, 我们有如下算法.

❖ 算法 4.6 (广度优先搜索法)

输入: 有向图 $D = (V, A)$, 点 $r \in V(D)$.

输出: 求解点 r 到其他顶点的有向路.

迭代: 初始化 p, $Q = \{r\}$.

      While $Q \neq \emptyset$,

         从 Q 的前端删去 v,

           for $vw \in L_v$ (以点 v 为尾的弧集合)

             如果 $p(w) = -1$,

             添加 w 到 Q 的后端;

             令 $p(w) = v$.   □

这个算法不需要保存 y_v 的值, 集合 Q 表示未被检验且 y_v 值有限的顶点集合; 算法采用的是先入先出原则.

例 4.7 利用广度优先搜索法求图 4.10 中从 a 到 h 的一条有向路.   □

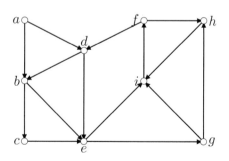

图 4.10

解 根据算法描述得到表 4.5.

表 4.5 广度优先搜索法.

迭代次数	顶点集合 Q	弧集合 L_v
初始	$\emptyset$	$\emptyset$
1	$\{a\}$	$\{ab, ad\}$
2	$\{b, d\}$	$\{bc, be, de\}$
3	$\{c, e\}$	$\{ce, ei, eg\}$
4	$\{i, g\}$	$\{if, gh\}$

所以点 a 到 h 的一条有向路为: $a \to b \to e \to g \to h$.   □

    根据算法的先入先出原则, 可以发现在迭代的第一步时, 如果首先选择 ad 边, 再选择 ab 边, 会得到一条不一样的 (a, h)-有向路, 我们把这个过程留作练习.

命题 4.5

给定赋权有向图 $D = (V, A)$, 若任意边的权值均为 1, 则在 Dijkstra 算法中, y_v 最后的值等于分配给它的第一个有限值. 另外, 如果 v 先于 w 被分配到它的第一个有限值 y_v, 那么 $y_v \leqslant y_w$.   □

证明   情形 1: 若 $v = r$, 则结论成立;

    情形 2: 若 $v \neq r$,

    (a) 分配给 y_v 的第一个有限值是 $y'_w + 1$, 其中 y'_w 是 y_w 的最后值; 对任意在 w 之后被检验的点 j, 都有 $y'_j \geqslant y'_w$; 所以 y_v 的值将不再减少.

    (b) 对任意点 q, 如果在 v 之后被分配到的第一个有限值是 y_q, 那么有

$$y_q = y'_j + 1 \geqslant y'_w + 1 = y_v.$$

    证毕.   □

4.5 线性规划

在离散优化中, 最短路问题不仅有多种变形, 而且也可以转化为线性规划问题, 如下是相关定理.

定理 4.6

给定赋权有向图 $D = (V, A)$, 权函数 $c : A \to \mathbb{R}$ 及顶点 $r, s \in V$, 如果对每个顶点 $v \in V$, 都存在一条 r 到 v 的最小费用有向路, 那么

$$\min\{c(P) : P \text{ 是 } r \text{ 到 } s \text{ 的有向路}\} = \max\{y_s : y \text{ 是可行势}\}. \qquad \square$$

在定理 4.6 中, 等式右边的寻找最大可行势显然是一个线性规划问题, 下面我们给出具体的表述:

$$\max \quad y_s - y_r,$$
$$\text{s.t.} \quad y_w - y_v \leqslant c_{vw}, \text{ 对任意 } vw \in E.$$

它的对偶线性规划问题为:

$$\min \quad \sum (c_e x_e : e \in E),$$

$$\text{s.t.} \begin{cases} x_{vw} \geqslant 0, \text{ 对任意 } vw \in E, \\ \sum\limits_{\substack{wv \in E \\ w \in V}} (x_{wv}) - \sum\limits_{\substack{vw \in E \\ w \in V}} (x_{vw}) = b_v, \text{ 对任意 } v \in V, \\ b_v = \begin{cases} 1, & v = s, \\ -1, & v = r, \\ 0, & \text{其他}. \end{cases} \end{cases}$$

根据第 1 章所讲线性规划的对偶定理可知, 若最大值或最小值存在一个, 则二者都存在且相等. 在定理 4.6 中, 点 r 到 s 的有向路 P 为线性规划问题提供了一个可行解. 所以, 若存在一条点 r 到 s 的最短路, 则该线性规划问题存在最优解. 读者可自行查阅资料, 以获得更多拓展知识.

4.6 拓展阅读

E. W. Dijkstra 于 1930 年 5 月 11 日出生于荷兰鹿特丹, 母亲是数学家, 父亲是化学家. Dijkstra 在 1956 年毕业于莱顿大学, 早年攻读数学和理论物理专业, 后来转为计算机专业. 1959 年, 他凭借论文 "与自动计算机的通信" 获得了阿姆斯特丹大学的博士学位, 该论文专门描述了为荷兰开发的第一台商用计算机 X1 设计的汇编语言. 他曾在 1972 年获得过素有计算机界诺贝尔奖之称的图灵奖, 1974 年获得 AFIPS 颁发的 Harry Goode 纪念奖, 1989 年荣获 ACM SIGCSE 的计算机科学教育教学杰出贡献奖, 2002 年获得 ACM PODC 颁发的最具影响力论文奖.

Dijkstra 的居住地一直在变化, 1952-1962 年, 他在阿姆斯特丹的数学中心工作, 并在那里遇到了他的妻子. 1962 年, 他们搬到了埃因霍温, 之后 Dijkstra 成了埃因霍温技术大学数学系的一名教授. 1964 年, 他们又搬到了埃因霍温东部小镇纽南 (Nuenen) 的一座新房子. 1973 年, Dijkstra 开始在他的报告中使用 "Burroughs Research Fellow" 这个签名, 以至于许多人认为 Burroughs 的总部位于纽南. 但是事实上, Dijkstra 是 Burroughs 公司唯一的研究员. 1984 年, 他搬到美国得克萨斯州奥斯汀大学后不久, 奥斯汀大学星期二下午俱乐部出现了一个新的 "分支". 之后, Dijkstra 一直在奥斯汀大学工作, 直到 1999 年秋退休. 2002 年 2 月, 身患绝症的他回到纽南的老房子居住, 并于 2002 年 8 月 6 日去世.

Dijkstra 在计算机科学的工程和理论领域均做出了杰出贡献, 其研究成果包含了编译器构建、操作系统、软件工程和图形算法等. 他的许多论文, 虽然篇幅仅有数页, 但都是全新研究领域的起点. 更重要的是, 现在计算机科学中的一些标准概念 (定义) 都是由 Dijkstra 首先确定, 并以他的名字命名. 例如 1959 年, 他发表了一篇 3 页的文章 "关于与图相关的两个问题的注释"[10], 这就是著名的、可以极其简单地找到图中最短路的算法, 现在被称为 Dijkstra 算法. 自 1959 年以来, 一般有向和无向图的单源最短路的所有理论发展都是基于 Dijkstra 的算法. 后来, 他还分析研究了 n 个过程的"互斥 (mutual exclusion) 问题"、"死锁 (deadlock) 问题"、"哲学家就餐 (dining philosophers) 问题"等许多著名的学术问题.

在 Dijkstra 提出有关最短路算法之后, 很多学者将最短路问题从无向图转到有向图上, 对研究空间和相关算法均进行了拓展.

基础练习   1.   给出图 4.11 的一条有向道、有向迹和有向路.

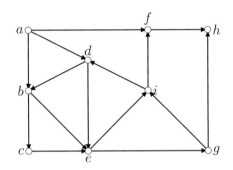

图 4.11

2.   利用 Ford 算法求解图 4.12 中点 r 到其他顶点的最短路.

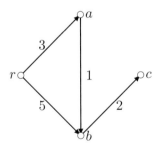

图 4.12

3.   给出图 4.13 的一个拓扑排序.

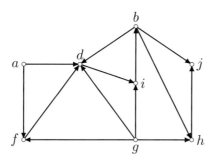

图 4.13

4. 请举例说明, 如果允许存在负费用有向边, 那么 Dijkstra 算法可能会
    产生错误结果.

5. 请举例说明:
    (1) 一棵以 r 为根的最小费用生成树, 不一定包含 r 到所有顶点的最
    小费用有向路;
    (2) 一棵以 r 为根的生成树, 包含 r 到所有顶点的最小费用有向路, 但
    不是最小生成树.

6. 用广度优先搜索法给出图 4.10 中一条不同于例 4.7 的 (a, h)-有向路.

7. 用广度优先搜索法给出图 4.14 中点 a 到 g 的一条有向路.

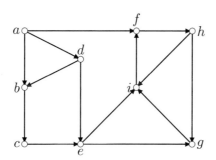

图 4.14

8. 如下的 Moore-Dijkstra 算法能求解出以 x_0 为根的生成树 (树形图 T),
    且对每个 $x \in V(G)$, T 中的 (x_0, x)-路都是 G 中的最短 (x_0, x)-路.

◈ **算法 4.7** (Moore-Dijkstra 算法, Prim 算法的修订)

输入：　　有向图 $G = (V, E)$, 权函数 $c : E(G) \to \mathbb{R}$, 固定 x_0.

输出：　　以 x_0 为根的生成树形图.

Step 1：　定义函数 l：$l(x_0) = 0$, $l(x) = \infty$ $(x \neq x_0)$,

　　　　　定义集合 $S_0 = \{x_0\}$, $T_0 = \{x_0\}$, $k = 0$.

Step 2：　$k \geqslant 0$, 若 $(S_k, \overline{S}_k) \neq \emptyset$, 则对每个 $x \in N_G^+(x_k) \bigcap \overline{S}_k$,

　　　　　$l(x) \leftarrow \min\{l(x), l(x_k) + \boldsymbol{c}(x_k, x)\}$,

　　　　　取 $x_{k+1} \in N_G^+(S_k) \cap \overline{S}_k$ 和 x_j $(j \leqslant k) \in S_k$ 满足：

　　　　　(1) $(x_j, x_{k+1}) \in E(G)$;

　　　　　(2) $l(x_{k+1}) = \min\{l(x) : x \in \overline{S}_k\}$

　　　　　　　　　　$= l(x_j) + \boldsymbol{c}(x_j, x_{k+1})$.

　　　　　令 $S_{k+1} = S_k \cup \{x_{k+1}\}$, $T_{k+1} = T_k + (x_j, x_{k+1})$.

Step 3：　若 $k = n - 1$, 停止算法.

　　　　　若 $k < n - 1$ 且 $(S_{k+1}, \overline{S}_{k+1}) \neq \emptyset$, 则用 $k + 1$ 代替 k, 继续 Step 2, 否则停止算法, G 中不存在根为 x_0 的生成树形图.　　　　□

请用算法 4.7 求出如图 4.15 所示的以 x_0 为根的生成树形图, 并验证其中的 (x_0, x)-路是否为 G 中的最短 (x_0, x)-路.

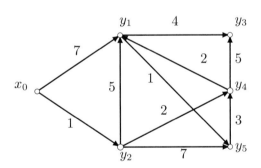

图 4.15

提升练习　1.　在遇到"单行道"问题时, 我们需要对图进行修正, 加入新弧构造辅助图进行求解, 那么新加入弧的权值应该如何定义？

2. 证明 Dijkstra 算法可以在多项式时间内解决最短路问题, 即定理 4.5.

3. 证明无圈有向图的最短路算法的时间复杂度是 $O(m)$.

4. 证明命题 4.2.

实践练习   1. 通过编程实现 Ford 算法.

2. 通过编程实现 Dijkstra 算法.

3. 通过编程实现算法 4.7, 并给出图 4.15 的解.

第 5 章

网络流问题

〈内容提要〉　　最大流　最小割　增广路　匹配　Menger 定理　最优闭包　多商品流

5.1 实际问题

现实生活中有许多网络流问题: 数据信号的传输、接收, 通信网络的构建, 排水系统的修建, 等等. 网络流问题是离散优化中比较受关注的研究对象之一, 我们来看下面两个例子.

例 5.1　假设有 m 个工厂都生产同一种产品, 有 n 位客户需要这些产品, 工厂 f_i 每个月可以生产 s_i 单位的产品, 客户 b_j 每个月需要 d_j 单位的产品, 工厂 f_i 每个月至多可以运输 c_{ij} 单位的产品给客户 b_j. 请问客户的需求是否可以得到满足?　　□

例 5.2　我们继续沿用第 1 章中最大流最小割问题的图例, 从 r 到 s 的传输数据网络图如图 5.1 所示, s 最大接收数据速率是 6 Mb/s, 图中每条边上是最大传输速率的限制. 那么在单位时间内, 从 r 到 s 是否可以传输更多数据呢?　　□

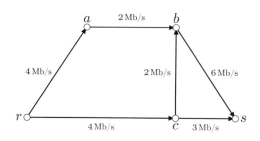

图 5.1 最大流问题的一个实例.

通过观察我们可以知道, 例 5.2 中的网络不可以传输更多的数据, 因为如果我们去掉 ab 和 rc, 那么从 r 到 s 的传输路径就会被切断, 而且 ab 和 rc 的最大传输速率为 $6\,\mathrm{Mb/s}$.

以上两个例题都是离散优化中比较常见的最大流问题, 本章我们将对最大流问题及其相关算法展开详细描述.

5.2 最大流问题

给定有向图 $G = (V, E)$, 容量函数 $c : E \to \mathbb{Z}^+$, 下面我们给出流的相关概念.

□   概念

- 流: 给定函数 $x : E \to \mathbb{Z}^+$, 满足

    (a) 对任意 $uv \in A$, $x(uv) \leqslant c(uv)$;

    (b) 对任意 $v \in V \setminus \{r, s\}$, $\sum\limits_{u \in V} x(uv) - \sum\limits_{w \in V} x(vw) = 0$.

    x 也称为 (r, s)-流, 其中 r 称为源, s 称为汇, 记

    $$f_x(v) = \sum_{u \in V} x(uv) - \sum_{w \in V} x(vw), \text{对任意 } v \in V \setminus \{s\},$$

    $$f_x(s) = \sum_{u \in V} x(us),$$

    $f_x(s)$ 称为 (r, s)-流的流值.

- 割: 集合 $\delta(R) = \{vw \mid vw \in E, v \in R, w \notin R\}$, 其中 $R \subseteq V$.

- (r, s)-割指满足 $r \in R, s \notin R$ 的割 $\delta(R)$.   □

例 5.2 中 (r, s)-流的流值 $f_x(s) = 6$. 给出流的概念之后, 我们将最大流问题以线性规划的形式展开介绍.

□ **概念**

• 最大流问题:

$$\max \quad f_x(s),$$

$$\text{s.t.} \quad \begin{cases} \displaystyle\sum_{u \in V} x(uv) = \sum_{w \in V} x(vw), \ 对任意 v \in V \setminus \{r, s\}, \\ 0 \leqslant x(uv) \leqslant c(uv), \ 对任意 e = uv \in E. \quad \square \end{cases} \tag{5.1}$$

例 5.3 在如图 5.2 所示的网络中, 每条边上的数字前者为容量 $c(e)$, 后者为流量 $x(e)$. 通过观察可知, (r, s)-流的流值为 3.   □

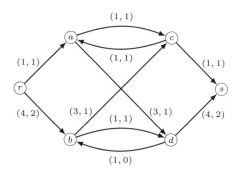

图 5.2

在下文中, 我们给出流和割之间的一些关系.

命题 5.1

对任意 (r, s)-割 $\delta(R)$ 和任意 (r, s)-流 x, 我们有

$$x(\delta(R)) - x(\delta(\overline{R})) = f_x(s). \qquad \square$$

证明 对任意 (r, s)-割 $\delta(R)$ 和任意 (r, s)-流 x, 我们有:

$$\left.\begin{array}{l} 对任意 \ v \in \overline{R} \setminus \{s\}, \ 有 f_x(v) = 0 \\ 对 v = s, \ 有 f_x(v) = f_x(s) \end{array}\right\} 两边分别求和即可证得结论.$$

具体来讲, 我们还需要对 vw 进行分情况讨论:

(1) $v, w \in R$ 时, $x(vw)$ 不出现在左边的和式中;

(2) $v, w \in \overline{R}$ 时, $x(vw)$ 以系数 -1 出现在 v 的等式中, 以系数 $+1$ 出现在 w 的等式中, 求和后在和式中的系数为 0;

(3) $v \in R, w \in \overline{R}$ 时, $x(vw)$ 以系数 $+1$ 出现在 w 的等式中, 求和后在和式中的系数为 1;

(4) $v \in \overline{R}, w \in R$ 时, $x(vw)$ 以系数 -1 出现在 v 的等式中, 求和后在和式中的系数为 -1.

因此两边求和后, 左边为 $x(\delta(R)) - x(\delta(\overline{R}))$, 两边相等. 证毕. □

推论 5.1

对任意的 (r, s)-流 x 以及任意 (r, s)-割 $\delta(R)$, 有 $f_x(s) \leqslant c(\delta(R))$. □

证明 已知 $x(\delta(R)) \leqslant c(\delta(R))$ 和 $x(\delta(\overline{R})) \geqslant 0$, 所以由命题 5.1 可知,
$$f_x(s) = x(\delta(R)) - x(\delta(\overline{R})) \leqslant c(\delta(R)) - x(\delta(\overline{R})) \leqslant c(\delta(R)). \quad \square$$

定理 5.1 (最大流最小割定理)

如果存在一个最大 (r, s)-流, 那么最大流的流值等于最小割的容量, 即
$$\max\{f_x(s) : x \text{ 为 } (r, s)\text{-流}\} = \min\{c(\delta(R)) : \delta(R) \text{ 为 } (r, s)\text{-割}\}. \quad \square$$

为了证明定理 5.1, 我们需要引入增广路和可扩路的概念:

---

x-增广路是一条 (r, s)-路, 如果满足:

$$\begin{cases} \text{对每条正向弧 } e, \text{ 有 } x(e) < c(e); \\ \text{对每条反向弧 } e, \text{ 有 } x(e) > 0. \end{cases}$$

例如, 图 5.2 中的增广路为: $rbcads$.

x-可扩路是一条 (r,v)-路, 如果满足:

$$\begin{cases} \text{对每条正向弧 } e, \text{ 有 } x(e) < c(e); \\ \text{对每条反向弧 } e, \text{ 有 } x(e) > 0. \end{cases}$$

之后, 我们考虑使流增大的思路: 给定一条 x-增广路,

- 对每条正向弧: $x(e) \longrightarrow x(e) + \varepsilon$,
- 对每条反向弧: $x(e) \longrightarrow x(e) - \varepsilon$,

其中

$$\varepsilon = \min \begin{cases} c(e) - x(e), & \text{对每条正向弧 } e, \\ x(e), & \text{对每条反向弧 } e. \end{cases}$$

注 最大流是没有增广路的. □

在图 5.2 中, 取 $\varepsilon = 1$ 会产生一个值为 4 的流, 且 $\delta(\{r,b,c\})$ 是容量为 4 的 (r,s)-割; 由推论 5.1 可得这是一个最大流.

定理 5.1 的证明 由推论 5.1 可知, 我们只需证明存在 (r,s)-流 x 及 (r,s)-割 $\delta(R)$, 使得 $f_x(s) = c(\delta(R))$. 令 x 为最大流, $R = \{v \in V \mid$ 存在一条 r 到 v 的 x-可扩路$\}$, 那么我们有:

(1) $r \in R, s \notin R$, 这是因为不存在 x-增广路;

(2) 对任意 $vw \in \delta(R)$, 有 $x(vw) = c(vw)$, 这是因为若 $x(vw) \neq c(vw)$, 我们可以将 vw 添加至 r 到 v 的 x-可扩路中, 这样就产生一条到 w 的路, 但是 $w \notin R$;

(3) 对任意 $vw \in \delta(\overline{R})$, 有 $x(vw) = 0$.

所以由命题 5.1 可知, $f_x(s) = x(\delta(R)) - x(\delta(\overline{R})) = c(\delta(R))$.

证毕. □

注 定理证明中 R 的构成方式即为最小割的构造方式. □

定理 5.2

给定图 $G = (V, E)$, 函数 $x : E \to \mathbb{Z}^+$, 那么流 x 最大当且仅当在图 G 中不存在 x-增广路. □

证明 (必要性) 这是显然的.

(充分性) 如果不存在增广路, 那么根据定理 5.1 证明中的构造可知: 存在一个 (r, s)-割 $\delta(R)$ 满足 $f_x(s) = c(\delta(R))$, 故 x 是最大流. □

推论 5.2

如果 x 是 (r, s)-流, $\delta(R)$ 是 (r, s)-割, 那么

x 是最大的, 且 $\delta(R)$ 是最小的 $\Longleftrightarrow$ 对任意 $e \in \delta(R)$, 有 $x(e) = c(e)$;

对任意 $e \in \delta(\overline{R})$, 有 $x(e) = 0$. □

在定理 5.1 的证明中, 我们引入了 x-增广路的概念, 如何寻找这样一条增广路, 从而更好地解决最大流问题, 我们将在下面展开讨论.

5.3 增广路的寻找方法

经过以上相关概念的铺垫, 我们可以建立一个寻找最大流最小割的算法, 就是经典的 Ford-Fulkerson 算法:

 算法 5.1 (Ford-Fulkerson 算法/增广路算法)

初始: 流 $x = 0$.

迭代: 寻找 x-增广路 P: 将 x 增加可允许的最大值 $\varepsilon = \min\{\varepsilon_1, \varepsilon_2\}$,

$$\varepsilon_1 = \min\{c(e) - x(e): e \text{ 是 } P \text{ 上的正向弧}\},$$

$$\varepsilon_2 = \min\{x(e): e \text{ 是 } P \text{ 上的反向弧}\}.$$

<u>算法终止</u>: (1) 找到一条 $\varepsilon = \infty$ 的路, 没有最大流;

    (2) 找不到增广路, 则 x 是最大流且可以确定一个最小割.   □

在 Ford-Fulkerson 算法中需要寻找一条 x-增广路, 可以用类似寻找有向路的思路来考虑.

根据图 $G = (V, E)$、流 x 及容量 c 构造辅助有向图 $D = (V(D), A(D))$ 如下 (这里允许平行弧出现):

$$V(D) = V, \quad vw \in A(D) \Longleftrightarrow \begin{cases} vw \in E \text{ 且 } x(vw) < c(vw), \\ wv \in E \text{ 且 } x(wv) > 0. \end{cases}$$

根据构造可以得到断言: 图 D 中存在 (r, s)-有向路当且仅当图 G 中存在 x-增广路 (我们将这个证明留作习题). 而且利用广探法, x-增广路可在 $O(m)$ 时间内完成.

事实上, Ford-Fulkerson 算法的时间复杂度直接依赖于增广的次数.

定理 5.3

如果所有的容量 c 都是整数, 且最大流值 $k < \infty$, 那么 Ford-Fulkerson 算法至多在进行 k 次增广后终止.   □

若一条 x-增广路包含最小可能数目的弧, 则我们称它是最短的. 在辅助有向图中, 最短增广路是否对应着最短 (r, s)-有向路? Y. A. Dinitz (丹尼斯) 于 1970 年、J. Edmonds 和 R. M. Karp (卡普) 于 1971 年分别证明, 若只考虑最短增广路, 可以显著改进最大流算法的时间复杂度.

定理 5.4 (**最短增广路算法**)

如果每次增广沿着一条最短增广路进行, 那么至多有 mn 次增广; 利用广探法的增广路算法可以在 $O(m^2 n)$ 时间内找到最大流.   □

在最大流问题中还有一类算法, 不以增广路为基础, 是基于可行预流和有效标记的思路进行的, 算法终止时将输出最大流. 这个算法就是压入与重标记法, 可以在 $O(n^2 m)$ 时间内找到最大流, 改进后的最大距离压入

与重标记法能够在 $O(n^3)$ 时间内找到最大流. 有关算法具体的内容, 我们留作课外阅读.

接下来, 我们介绍最大流最小割定理一些有意思的应用.

5.4 二部图的匹配

在第 1 章中, 我们已经介绍了匹配的概念: 图 $G = (V, E)$ 的边子集 M, 且 M 中任意两条边在 G 中互不相邻. 由于二部图是一个特殊的图类, 图中所有的顶点可以分为两部分, 每一部分内部互不连边, 所以此处我们首先针对这个特殊的图类展开研究.

例 5.4 某公司计划招聘实习岗位, 给定不相交的工作岗位集合 $P = \{p_1, \ldots, p_s\}$、应聘者集合 $Q = \{q_1, \ldots, q_t\}$ 以及应聘者和工作相互匹配的点对 (p_i, q_j), 在应聘者收到满意的实习工作、实习岗位匹配到合适应聘者的前提下, 安排尽可能多的 (一岗一位制) 方案.

这个问题对应到离散优化中就是给定二部图 $G = (V, E)$, 其中 $V = P \cup Q$, $E \subseteq \{pq \mid p \in P, q \in Q\}$, 寻找图 G 的一个最大基数的匹配 M. □

我们先回顾一下第 1 章中所讲的顶点覆盖的概念: 给定图 $G = (V, E)$, 如果存在顶点集 $C \subseteq V$ 满足 G 的每条边至少有一个端点在 C 中, 那么称 C 是图 G 的顶点覆盖. 在任意图中, 匹配与覆盖都有如下关系.

命题 5.2

给定图 $G = (V, E)$, 对任意匹配 $M \subseteq E$ 以及任意顶点覆盖 $C \subseteq V$, 有 $|M| \leqslant |C|$. □

那么等号何时成立呢? 是否对所有图都有等号成立的情况? 在图 5.3 中, 红色顶点表示顶点覆盖, 加粗黑色边表示匹配, 可以看出, 它的匹配数永远小于顶点覆盖数.

图 5.3

但是在二部图中, 我们可以找到等号成立的条件. 1931 年, D. Kőnig (柯尼希, 1884–1944) 刻画了二部图中最大匹配与最小顶点覆盖之间的重要关系.

定理 5.5 (Kőnig 定理)

给定二部图 $G = (V, E)$,

$$\max\{|M| : M \text{ 为匹配}\} = \min\{|C| : C \text{ 为覆盖}\}. \qquad \square$$

证明 我们用最大流最小割定理来证明. 构造图 5.4 所示的流网络 G'

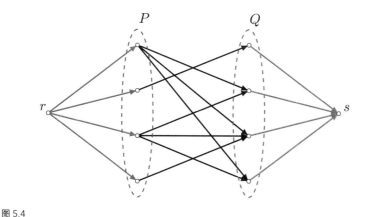

图 5.4

$$= (V', E'),$$

$$V' = V \cup \{r, s\}, \ r, s \ \text{为新的顶点},$$

$$E' = \begin{cases} r \longrightarrow P, \\ Q \longrightarrow s, \\ P \longrightarrow Q, \end{cases} \qquad c(vw) = \begin{cases} \infty, & v \in P, w \in Q, \\ 1, & v = r, w \in P, \\ 1, & v \in Q, w = s. \end{cases}$$

那么两个问题的对应如下:

(1) 给定 x 为 G' 中值为 k 的整数流, 则 x 是 $\{0,1\}$-值的 (因为流守恒).

定义 $M \subseteq E$:

$$pq \in M, \quad \text{如果} \ x(pq) = 1,$$

$$pq \notin M, \quad \text{如果} \ x(pq) = 0,$$

所以 M 是 G' 的匹配, 且 $|M| = k$.

(2) 给定匹配 M, 定义流 $x(vw) : vw \in E'$:

$$\text{如果} \ v \in P, w \in Q, \ \text{那么} \ x(vw) = \begin{cases} 1, & vw \in M, \\ 0, & \text{其他}; \end{cases}$$

$$\text{如果} \ v = r, w \in P, \ \text{那么} \ x(vw) = \begin{cases} 1, & \text{存在} \ M \ \text{中一边与} \ w \ \text{关联}, \\ 0, & \text{其他}; \end{cases}$$

$$\text{如果} \ v \in Q, w = r, \ \text{那么} \ x(vw) = \begin{cases} 1, & \text{存在} \ M \ \text{中一边与} \ v \ \text{关联}, \\ 0, & \text{其他}. \end{cases}$$

容易验证 x 是 G' 的整数流, 值为 $|M|$. 因为最大匹配的基数 $\leqslant |P|$, 由定理 5.3 可知最多会有 $|P| \leqslant n$ 次增广, 所以得到一个时间复杂度为 $O(mn)$ 的最大二部匹配算法.

设最小割为 $\delta'(\{r\} \cup A)$; 因为子集 $A \subseteq V$ 而且割的容量有限, 所以 G 中不可能存在从 $A \cap P$ 到 $Q \setminus A$ 中的边, G 的每条边都与 $C = (P \setminus A) \cup (A \cap Q)$ 中的某个元素相连, 因此 C 是图 G 的覆盖.

因为割的容量为 $|P \setminus A| + |Q \cap A| = |C|$, 所以最大匹配基数等于最大流值, 也等于最小割容量, 所以 C 是最小覆盖. 证毕. □

在图 G 的所有顶点覆盖中寻找最小顶点覆盖, 这是离散优化中的经典问题之一: 顶点覆盖问题, 同时也是 $\mathcal{NP}$-难问题.

随着对二部图匹配问题的研究不断深入, 我们思考能不能找到一个匹配, 覆盖二部图中某一部分的所有顶点? 在 1935 年, P. Hall (霍尔, 1904–1982) 给出了如下充要条件.

定理 5.6 (Hall 定理)

给定二部图 $G = (V, E)$, 其中 $V = X \cup Y$, 图中存在大小为 $|X|$ 的匹配当且仅当对任意顶点子集 $A \subseteq X$, 满足 $|N(A)| \geqslant |A|$. $\square$

可以发现这个定理为求解二部图的最大匹配提供了理论支持, 我们将定理的证明留作习题.

5.5 Menger 定理

K. Menger (门格尔, 1902–1985) 于 1927 年提出的 "最大–最小" 定理 (一般称为 Menger 定理) 是最大流最小割定理的另外一个应用. 在展开这个应用的讨论之前, 我们先来介绍一些基本的概念.

☐ **概念** 给定两条不同的路 P_1 和 P_2.

- 顶点不相交: 如果 P_1 和 P_2 没有任何公共顶点, 那么称它们是顶点不相交的.

- 内部顶点不相交: 如果 P_1 和 P_2 除端点外没有任何公共顶点, 那么称它们是内部顶点不相交的.

- 边不相交: 如果 P_1 和 P_2 没有任何公共边, 那么称它们是边不相交的. $\square$

回顾第 1 章我们所提到的点割概念.

□ **概念** 连通图 $G = (V, E)$ 中存在顶点子集 $V' \subseteq V$, 使得 $G - V'$ 不连通, 则称 V' 为点割. 最小点割 V' 中的顶点数称为图 G 的点连通度 (一般简称为连通度), 即 $\kappa(G) = \min\{|V'| : V'$ 是 G 的点割$\}$. 若 $\kappa(G) \geqslant k$, 则我们称 G 是 k-连通的. □

注 给定图 G 中任意两个不相邻的顶点 u 和 v, 假如存在顶点子集 $S \subseteq V(G) \backslash \{u, v\}$ 使得 u 和 v 属于 $G - S$ 的不同连通分支, 那么称 S 是 uv-点割或称 S 分离顶点 u 和 v. □

定理 5.7 (Menger 定理)

给定图 G 中任意不相邻的顶点 u 和 v, 我们有

$$\min\{|S|: \text{分离 } u \text{ 和 } v \text{ 的顶点集合 } S\}$$
$$= \max\{\text{顶点不相交的 } (u, v)\text{-路的数目}\}. \qquad \square$$

根据上面的描述, 我们可以发现 Menger 定理与连通性之间也存在联系. 所以定理 5.7 关于 k-连通的描述如下:

定理 5.8

图 G 是 k-连通的当且仅当图 G 的任意两个顶点之间都有 k 条内部顶点不相交的路. □

定理 5.9 是顶点子集版本的 Menger 定理.

定理 5.9

给定图 $G = (V, E)$, 顶点子集 $A, B \subseteq V(G)$, $A \cap B = \emptyset$, 那么

$$\min\{|S|: \text{分离 } A \text{ 和 } B \text{ 的顶点集合 } S\}$$
$$= \max\{\text{不相交的 } (A, B)\text{-路的数目}\}. \qquad \square$$

同时, Menger 定理还有与边集有关的描述:

定理 5.10

给定图 $G = (V, E)$, a, b 是不同的顶点, 那么

$$\min\{|S|: \text{分离 } a \text{ 和 } b \text{ 的边集合 } S\}$$

$$= \max\{\text{边不交的 } (a, b)\text{-路的数目}\}. \qquad \square$$

与点连通度概念类似, 我们有边连通度的概念.

☐ **概念** 给定图 $G = (V, E)$, 如果 $S \subseteq E$ 是图 G 的边割, 那么最小的 $|S|$ 称为边连通度, 即 $\kappa'(G) = \min\{|S|: \text{边子集 } S \text{ 是 } G \text{ 的边割}\}$. 若 $\kappa'(G) \geqslant k$, 则我们称 G 是 k-边连通的. ☐

那么定理 5.7 关于 k-边连通的描述如下:

定理 5.11

图 G 是 k-边连通的当且仅当图 G 的任意两个顶点之间都有 k 条边不相交的路. $\qquad \square$

上面各个版本的 Menger 定理都是等价的, 下面我们给出定理 5.10 的证明.

定理 5.10 的证明 定义

$$\text{容量函数 } c : c(e) = 1, \text{对任意 } e \in E(G),$$

$$\min\{|S|: \text{分离 } a \text{ 和 } b \text{ 的边集合 } S\} := \eta(a, b),$$

$$\max\{\text{边不交的 } (a, b)\text{-路的数目}\} := \lambda(a, b).$$

一方面, 由于每条 (a, b)-路必经过 G 中任意一个 (a, b)-边割, 所以有 $\eta(a, b) \leqslant \lambda(a, b)$. 另一方面, 考虑网络 $N = (a, b, c)$, 由最大流最小割定理可知, N 中存在最大整数流 f 和最小 (a, b)-割 $\delta(R)$ 使得 $f_x(b) = c(\delta(R))$. 因为 $\lambda(a, b) \leqslant c(\delta(R))$, 所以只需证明 $\eta(a, b) \geqslant f_x(b)$.

令 H 是 G 中边集 $\{e \in E(G) \mid f(e) \neq 0\}$ 导出的子图, 因为

$$\text{对任意 } e \in E(G), \text{ 有 } c(e) = 1,$$

所以

$$对任意 e \in E(H), 有 f(e) = 1,$$

故

$$\begin{cases} d_H^+(a) - d_H^-(a) = f_x(b) = d_H^-(b) - d_H^+(b), \\ d_H^+(u) = d_H^-(u) , 对任意 u \in V \setminus \{a, b\}. \end{cases}$$

这样 H 是 $f_x(b)$ 条边不交之路的并, 有 $\eta(a,b) \geqslant \lambda(a,b)$. 证毕.   □

Menger 定理的应用

Menger 定理的很多应用是通过对实际问题建立数学模型, 将所求解的对象与图中的路一一对应. 我们来看下面的例子.

☐ **概念**

- 代表系统: 给定有限集 X; 令 $A_1, A_2, \ldots, A_n$ 是 X 的 n 个子集, 如果 $x_i \in A_i$, 那么 X 的元素 $x_1, x_2, \ldots, x_n$ 称为 X 的代表系统.

- 相异代表系统: 如果 $x_1, x_2, \ldots, x_n$ 是互异的, 那么称其为 X 的相异代表系统.   □

例 5.5 集合 $Y = \{a, b, c, d, e\}$, $A_1 = \{a, b, c\}$, $A_2 = \{b, d\}$, $A_3 = \{a, b, d\}$, $A_4 = \{b, d\}$, 那么 Y 的代表系统为 $\{a, b, b, d\}$, Y 的相异代表系统为 $\{c, b, a, d\}$.   □

注 不是所有的集族都有相异代表系统, 例如 $A_1 = A_2 = \cdots = \{a\}$. 那么相异代表系统的存在性是否有充分必要条件呢?   □

定理 5.12
集族 $(A_1, A_2, \ldots, A_n)$ 有相异代表系统当且仅当对 $\{1, 2, \ldots, n\}$ 的每个子集 I, 有

$$|\cup (A_i : i \in I)| \geqslant |I|.$$ □

我们可以通过建立与集族 $(A_1, A_2, \ldots, A_n)$ 相对应的二部图, 利用 Hall 定理完成证明, 我们将具体过程留作练习.

定理 5.13

X 的两个子集族 $\mathcal{A} = (A_1, A_2, \ldots, A_n)$ 和 $\mathcal{B} = (B_1, B_2, \ldots, B_n)$ 的公共相异代表系统是指存在一个 n 个元素的集合, 既是 $\mathcal{A}$ 的相异代表系统, 又是 $\mathcal{B}$ 的相异代表系统. 那么 A 和 B 有公共相异代表系统 $\Longleftrightarrow$ 对任意 $I, J \subset [n]$,

$$|\cup_{i \in I} A_i| \cap |\cup_{j \in J} B_j| \geqslant |I| + |J| - n. \qquad \square$$

证明 我们利用 Menger 定理来完成证明. 首先建立一个有向图 $G = (V, E)$, 它的顶点集为 $M = \{a_1, a_2, \ldots, a_n\}$, $N = \{b_1, b_2, \ldots, b_n\}$, X 和两个新的顶点 s 和 t; 弧集为

$$\{s a_i \mid a_i \in M\} \cup \{a_i x \mid x \in X, x \in A_i\}$$
$$\cup \{b_j t \mid b_j \in N\} \cup \{x b_j \mid x \in X, x \in B_j\}.$$

可以看到, 在这个有向图中, 每条 (s, t)-路除了选择 M、N 中的顶点外, 还需要选择一个 $A_i \cap B_j$ 中的元素. 因此, 我们断言: 定理中 $\mathcal{A}$ 和 $\mathcal{B}$ 有公共相异代表系统当且仅当有向图中存在 n 对两两内部不相交的 (s, t)-路. 又由 Menger 定理可知, 断言等价于分离 s 和 t 的顶点集合规模均不小于 n.

给定集合 $R \subseteq V(G) - \{s, t\}$, 令 $I = \{i \in [n] \mid a_i \notin R\}$, $J = \{j \in [n] \mid b_j \notin R\}$. 那么集合 R 是分离 s 和 t 的顶点集合当且仅当 $|\cup_{i \in I} A_i| \cap |\cup_{j \in J} B_j| \subseteq R$. 所以说对一个分离 s 和 t 的顶点集合 R, 我们有

$$|R| \geqslant |\cup_{i \in I} A_i| \cap |\cup_{j \in J} B_j| + (n - |I|) + (n - |J|).$$

对每个分离 s 和 t 的顶点集合来说, 下界至少是 n 当且仅当两个集族之间有公共相异代表系统. 证毕. $\qquad \square$

例 5.6 给定集合 $X = \{1, 2, 3, 4\}$, 它的两个子集族 $A = (\{1, 2\}, \{2, 3\},$ $\{3, 1\}), B = (\{1, 4\}, \{2, 4\}, \{1, 2, 3, 4\})$, 判断这两个集族是否有公共的相异代表系. □

解 记 $A_1 = \{1, 2\}$, $A_2 = \{2, 3\}$, $A_3 = \{3, 1\}$, $B_1 = \{1, 4\}$, $B_2 = \{2, 4\}$, $B_3 = \{1, 2, 3, 4\}$.

根据定理 5.13 的证明, 构造一个有向图 $G = (V, E)$, 其中 $V = \{M, N,$ $X, s, t\}$, $M = \{a_1, a_2, a_3\}$, $N = \{b_1, b_2, b_3\}$, 连边关系如图 5.5 所示.

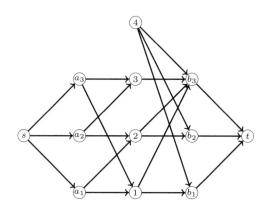

图 5.5

假设 $R \cap M = \{a_1, a_2\}$, $R \cap N = \{b_1, b_2\}$, 那么 $I = \{i \in [3] \mid a_i \notin R\} = \{3\}$, $J = \{j \in [3] \mid b_j \notin R\} = \{3\}$. 为了保证 R 是一个 (s, t)-割, 需要满足

$$R \text{ 是 } (s, t)\text{-割} \iff (\cup_{i \in I} A_i) \cap (\cup_{j \in J} B_j) \subseteq R.$$

也就是说, R 还需要包含 $\{1, 3\}$, 因为 $(\cup_{i \in I} A_i) \cap (\cup_{j \in J} B_j) = A_3 \cap B_3 = \{1, 3\}$, 那么

$$|R| \geqslant (3 - |I|) + (3 - |J|) + |(\cup_{i \in I} A_i) \cap (\cup_{j \in J} B_j)|.$$

这样, 这两个集族有公共的相异代表系. □

5.6 有向图中的最优闭包问题

□ **概念**

- 给定有向图 $G = (V, E)$ 及顶点子集 S, 如果 $\delta(S) = \emptyset$, 那么称 S 为图 G 的闭包.

- 给定权函数 $b : V(G) \to \mathbb{R}$, 最优闭包问题是在所有的闭包中找到权值最大的.   □

　　最优闭包在实际问题中有很多应用, 求解有向图中最优闭包问题也可以转化为求解最大流问题, 我们通过下面的例题来展示.

　　例 5.7 给定图 5.6, 求解最优闭包问题.   □

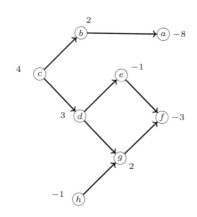

图 5.6

　　解　为求解这个问题, 我们需要按照下述规则构造新的有向图 $G' = (V', E')$:

$$V' = V \cup \{r, s\}, \text{ 其中 } r, s \text{ 为新的顶点},$$

$$E' = E \cup \{rv : b(v) > 0\} \cup \{vs : b(v) < 0\},$$

令 $c(rv) = b(v)$, $c(vs) = -b(v)$, $c(uv) = \infty$ 对 $uv \in E$. 具体有向图如图 5.7 所示. 构造的 G' 满足下面的两条性质:

(1) G' 的任意具有有限容量的 (r,s)-割 $\delta'(R)$ 满足 $R = \{r\} \cup A$, A 是 G 的闭包;

(2) 任一闭包 A 确定一个容量为

$$\sum(b(v) : v \notin A, b(v) > 0) - \sum(b(v) : v \in A, b(v) < 0)$$

的 (r,s)-割 $\delta'(A \cup \{r\})$.

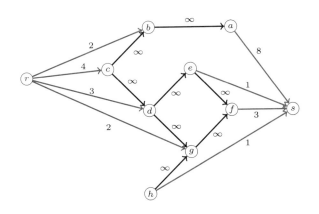

图 5.7

我们利用 Ford-Fulkerson 算法来求解, 即可得到图 G 的最优闭包为 $\{d, e, f, g\}$.   □

通过上面的例子, 我们可以看到在给定有向图中求解最优闭包问题时, 可以通过构造新的有向图, 利用最大流问题的求解方法来得到原图的最优闭包.

5.7 多商品流问题

经过上面的描述, 我们知道有一个源和一个汇的最大流问题是比较好求解的, 而且假如所有的容量都是整数, 已经有非常有效的算法可以求解出整数最大流. 其实, 最大流的数值等于分离 s 和 t 的最小割的容量. 假如在求解最大流问题中所有的容量都是 1, 那么这个问题其实就是在求解弧不交的路的数目. 在实际研究中, 大多数学者往往对存在多对源和汇的问题感兴趣: 在一个很大的信息网或者交通网中, 有一些信息或者商品需要通过同一网络在同一时间传递, 但是中间经过的点对必须不一样. 常见的应用之一就是我们熟知的大规模集成电路设计问题: 有一些脚本必须通过芯片上的导线相互连接, 导线遵循给定的通道路线, 而且连接不同脚本的导线互不交叉.

　　在离散优化中, 我们将拥有多个源和多个汇的问题称为多商品流问题 [7].

❓ 问题 5.1 (多商品流问题)

输入:　　有向图 $G = (V, E)$, 顶点对 $(s_1, t_1), (s_2, t_2), \ldots, (s_k, t_k)$, 容量 $c : E \to \mathbb{R}^+$, 需求函数 $d_i \in \mathbb{R}$, $i \in [k]$.

输出:　　对每个 i, 都可以找到一个值为 d_i 的 (r_i, s_i)-流 x_i, 使得对每条弧 $e \in E$ 都有

$$\sum_{i=1}^{k} x_i(e) \leqslant c(e). \tag{5.2}$$

□

　　问题中的每个点对 (s_i, t_i) 称为商品. 如果每个流 x_i 是整数, 那么这个问题称为整数多商品流问题. 但是解决整数的问题与之前的求解旅行售货商问题一样困难, 大多数研究学者只能处理一些特殊的情况, 得到一些近似解. 为了与整数版本的多商品流问题区分, 假如说没有整数限制, 学者们一般在多商品流问题前加入修饰词: 分数, 也就是分数多商品流问题. 这个问题可以很容易描述为变量 $x_i(e), i \in [k]$ 的线性规划问题, 其中约束条件为流的守恒定律和 (5.2) 中的不等式. 分数多商品流问题可以在多项式时间内求解. 1958 年, Ford 和 Fulkerson 设计了一种基于单纯形法、带有列生成的算法, 他们证明在使用单纯形法求解该问题时可以有效避免变量数目过大的问题, 而且使用列生成技术可以处理隐式变量, 是解决分数多商品流问题的有效算法. 如果要深入了解这个算法可以参考 [7].

5.8 拓展阅读

大约在 1930 年, 在一本由苏联国家交通委员会出版的关于交通规划的书中, 收录了由 A. N. Tolstoĭ (托尔斯泰) 撰写的一篇论文: "Methods of finding the minimal total kilometerage in cargo-transportation planning in space". 这篇文章涉及两点间运输问题, 并给出了一些解决方案, 提到了苏联铁路系统. 1954 年 11 月, 在 *Rand Report* 期刊上, Ford 和 Fulkerson 提及有关网络流的相关问题, 指出 T. E. Harris (哈里斯) 曾提出如下最大流问题:

连接两个城市的铁路网络, 中间有多个城市和站点, 城市和城市之间的线路是有容量限制的, 求连接两个城市间铁路网络的最大流量.

1955 年 8 月, A. W. Boldyreff (波得略夫) 提出泛洪技术 (flooding technique), 主要思想是从出发点开始在每条边上安排尽可能多的流量, 如果在某个点遇到瓶颈, 那么冗余部分再返回出发点. 1955 年 12 月, Ford 和 Fulkerson 提出 "增广路算法".

早在 1927 年, 拓扑学家 K. Menger 发表了一篇论文, 主要内容就是现在的 Menger 定理 (定理 5.7). 1927 年 5 月, N. E. Rutt (鲁特) 给出 Menger 定理的变形. 1930 年, B. Knaster (克纳斯特) 将平面图的情形推广到了一般图的情形. 1932 年, H. Whitney 证明了定理 5.8. 1938 年, T. Gallai (加莱) 提出了有向图版本的 Menger 定理.

基础练习   1.   找到图 5.8 的一个最大流和最小割.

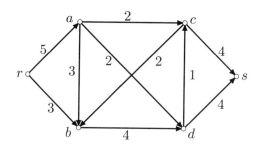

图 5.8

2.   求解图 5.9 的一个最大匹配和一个最小顶点覆盖.

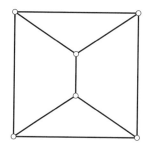

图 5.9

3.   验证图 5.10 的二部图 $G[X, Y]$ 是否存在大小为 $|X|$ 的匹配.
        (提示: 可利用 Hall 定理.)

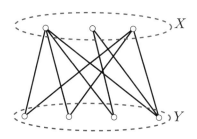

图 5.10

4. 给定集合 $Y = \{a, b, c, d, e\}$, $A_1 = \{a, b, c\}$, $A_2 = \{a, d\}$, $A_3 = \{a, c, d\}$, $A_4 = \{b, d, e\}$, 给出 Y 的一个代表系统和相异代表系统.

5. 写出最大流问题 (5.1) 的对偶问题, 并考虑线性规划的对偶定理与最大流问题的关系.

6. 在例 5.1 中介绍的运输问题, 当 $m = n = 3$, $s_1 = 13$, $s_2 = 9$, $s_3 = 4$, $d_1 = 3$, $d_2 = 7$, $d_3 = 12$ 时, 使用最大流算法求解是否能够满足客户的需求.

c_{ij}	$j = 1$	$j = 2$	$j = 3$
$i = 1$	2	0	8
$i = 2$	3	8	3
$i = 3$	0	1	3

提升练习

1. 证明: G 中有一条 x-t 增广路当且仅当在 $G(x)$ 中有 (r, s)-有向路.

2. 证明定理 5.6 (Hall 定理).

3. 完成定理 5.12 的证明.

4. 证明: 在一个矩阵中, 两两不在同一条线 (行或列) 上的非零元的最大数目等于包含所有非零元的线的最小数目.

5. 用 Menger 定理证明最大流最小割定理.

6. 证明: 构造出的有向图 D 中的 (r, s)-有向路 $\Longleftrightarrow$ 原图 G 中的 x-增广路. 以图 5.2 为例, 画出它的辅助有向图, 并找出一条 x-增广路.

实践练习

1. 5.6 节介绍了最优闭包问题的求解, 请为最优闭包问题寻找一个应用场景.

2. 在 n 个选手的乒乓球比赛中, 每个选手都与其他选手对抗一次, 并且不存在平局. 令 w_i 表示选手 i 的获胜场数. 给定一个向量 $\boldsymbol{w} = (w_1, w_2, \ldots, w_n)$, 如何能够确定 $\boldsymbol{w}$ 是否能从这样的一个比赛中产生呢? 给出一个好算法和一个好的刻画.

6

第 6 章

匹配问题

〈内容提要〉　　最大匹配　　交错树　　增广　　花算法　　最小权完美匹配

6.1 实际问题

在第1章中, 我们已经介绍了匹配的概念. 在本章中, 我们将对匹配的相关问题展开详细介绍, 首先通过如下实例感受匹配的实际应用.

例 6.1 假如某工厂有 k 台机器: $m_1, m_2, \ldots, m_k$, 工厂接到 n 份工作订单: $j_1, j_2, \ldots, j_n$, 要求在一定期限内完成. 但是机器和订单之间有一定的限制条件: 每台机器只能完成某些订单, 而且一天只能完成一份订单. 比如我们有 5 台机器 $(m_1, m_2, \ldots, m_5)$ 和 5 份工作订单 $(j_1, j_2, \ldots, j_5)$, 每台机器的工作能力如表 6.1 所示:

表 6.1 机器的工作能力.

	j_1	j_2	j_3	j_4	j_5
m_1	X	X			X
m_2	X	X	X	X	
m_3	X	X			
m_4		X			
m_5		X			

为了尽快完成任务, 我们希望以每台机器最多执行一份订单并且使加工的订单最多的方式对机器进行分配作业. □

我们用图论的语言来描述这个问题: 构造图 $G = (V, E)$, 每台机器 m_i 和每份订单 $j_i (i \in [5])$ 表示图的顶点; 假如订单 j_i 可以被机器 m_k 完成, 那么就在它们之间连接一条边, 可以发现构造出来的图 6.1 是二部图.

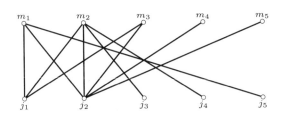

图 6.1

那么这个问题转化为图的什么问题了? 每天安排的工作数对应图的什么? 我们想到, 二部图的完美匹配问题可以解决例 6.1.

6.2 匹配与交错路

回顾第 1 章中已经提及的顶点覆盖、匹配、完美匹配、最大匹配、极大匹配等概念, 而且在二部图中, 有著名的 Kőnig 定理:

$$\max\{|M|: \text{边子集 } M \text{ 是匹配}\} = \min\{|A|: \text{顶点子集 } A \text{ 是覆盖}\}.$$

但是对一般图来说, 这个定理不一定是成立的. 例如在奇圈 C_{2t+1} 中, 最大匹配的大小是 t, 最小覆盖的大小是 $t + 1$. 对于一般图来说, 寻找最大匹配 (或者完美匹配) 是否有条件或者算法的保证呢? 首先我们继续介绍一些与匹配相关的概念.

☐ **概念** 给定图 $G = (V, E)$ 和匹配 M.

- M-覆盖顶点: 若 M 中某条边与 v 关联, 则称 v 是 M-覆盖的;

- M-暴露顶点: 若 M 中没有边与 v 关联, 则称 v 是 M-暴露的;

- G 的亏格: 图 G 的所有匹配中暴露顶点的最小数目;

- M-交错路: 若路 P 的边交错地属于和不属于 M 中的边, 则称

路 P 是 M-交错路;

-    M-增广路: M-交错路的两个端点不同且都是 M-暴露的;
-    对称差: 给定两个集合 S 和 T, 它们的对称差为 $S \triangle T = S \cup T - S \cap T$.   □

例 6.2 在图 6.2 中, 给定匹配 M (粗边); 剩余的边不在 M 中, 实点表示被 M 覆盖的顶点, 空点则表示 M-暴露顶点. 根据概念可知, 这是一条 M-交错路, 同时也是一条 M-增广路.

图 6.2

因此我们可以做这条 M-交错路与匹配 M 的对称差, 得到一个新的匹配 M' (粗边), 如图 6.3, 且 $|M'| = |M| + 1$, 是一个更大的匹配.

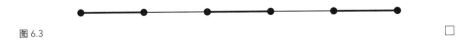

图 6.3   □

通过上面的例题可以发现, 图中可以找到一个更大的匹配是因为存在一条 M-增广路, 那么匹配与增广路之间究竟存在什么关系? 定理 6.1 给出了回答.

定理 6.1 (匹配的增广路定理)

图 G 的任意匹配 M 是最大的当且仅当图 G 中不存在 M-增广路.   □

证明 证明定理并不困难. 一方面, 给定最大匹配 M, 假设图 G 中存在 M-增广路 $P = v_0 v_1 \ldots v_t$, 其中 t 是奇数, 匹配 $M = \{v_1 v_2, v_3 v_4, \ldots, v_{t-2} v_{t-1}\}$, 那么我们就可以做一个对称差: $M' = M \triangle E(P)$, 显然 M' 也是一个匹配, 而且满足 $|M'| = |M| + 1$, 这显然与 M 是最大的矛盾. 所以图 G 中不存在 M-增广路.

另一方面, 假设存在匹配 M' 满足 $|M'| > |M|$, 那么我们考虑 $G' = (V, M \cup M')$. 因为在 G' 中最大度为 2, 它的每个分支或是一条路或是一个圈. 因为 $|M'| > |M|$, 所以至少有一个分支包含 M' 中边多于 M 中边, 这样的一个分支构成了一条 M-增广路, 与条件矛盾, 所以 M 是最大匹配. 证毕.   □

定理 6.1 暗示了有可能构造出最大匹配的方法 (类似于最大流问题的增广路算法): 反复寻找一条增广路, 并利用这条增广路找到一个新的更大的匹配, 直到我们发现一个没有增广路的匹配为止.

6.3 二部图的匹配

根据定理 6.1 可知, 在任意图中, 如果可以找到任意匹配 M 的一条 M-增广路的算法, 那么就可以找到最大匹配: 通过反复迭代找到匹配 M_0, M_1, $\ldots$, 且满足 $|M_0| < |M_1| < \ldots$, 直到找到匹配 M_i, 但是不存在 M_i-增广路. 在第 5 章中, 我们已经介绍了基于最大流最小割定理寻找二部图中最大匹配的算法, 接下来, 我们研究另一种寻找二部图中最大匹配的算法. 首先我们介绍一个与交错路相似的概念: 交错树.

交错树

给定图 G, 匹配 M 和 M-暴露顶点 r, 我们迭代地构造如下的顶点集合 A 和 B:

- A 中的每个顶点都是始于 r 的奇长的 M-交错路的另一个端点;
- B 中的每个顶点都是始于 r 的偶长的 M-交错路的另一个端点.

例 6.3 如图 6.4 所示, 粗边是图 G 的匹配 M.

如图 6.5 所示, 红–黑交错的边是一条 M-交错路. 选中 M-暴露顶点 r, 依据定义, 蓝色的顶点构成集合 $A(T)$, 绿色的顶点构成集合 $B(T)$.   □

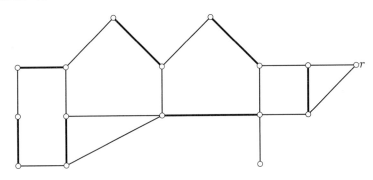

图 6.4

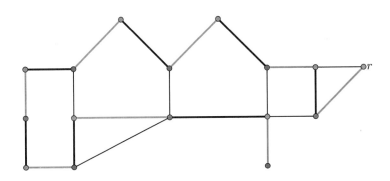

图 6.5

基于上述方式构造集合 A 和 B 有助于找到一条 M-增广路: 找到一条边 vw 使得 $v \in B$, $w \notin A \cup B$, 且 w 是 M-暴露的, 则从 r 到 v 的 M-交错路 P 与 vw 一起构成了一条 M-增广路.

集合 A 和 B 可以按照下述规则构造. 首先 $A = \emptyset$, $B = \{r\}$,

如果 $vw \in E$, $v \in B$, $w \notin A \cup B$, $wz \in M$,

那么 $A \leftarrow A \cup \{w\}$, $B \leftarrow B \cup \{z\}$. $\qquad$ (6.1)

我们注意到, 顶点集合 $A \cup B$ 以及在它们的构造过程中所用的边形成了一棵以 r 为根的树 T, 它满足:

(1) 树 T 的异于 r 的每个顶点都被 $M \cap E(T)$ 的边覆盖;

(2) 对任意 $v \in V(T)$, 树 T 中从 v 到 r 的路是 M-交错的.

我们称这样的树 T 为 M-交错树.

下面我们根据到根节点 r 的距离将 T 中的顶点分为两个集合:

- 集合 $A(T)$ 中的顶点到根节点 r 的距离为奇数;
- 集合 $B(T)$ 中的顶点到根节点 r 的距离为偶数.

例如, 图 6.6 展示了一棵交错树, 其中粗边是匹配边, 空点属于集合 $A(T)$, 实点属于集合 $B(T)$, 明显可得 $|B(T)| = |A(T)| + 1$.

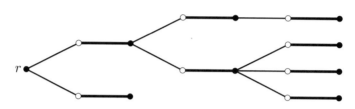

图 6.6 交错树.

根据 M-交错树的概念, 我们接下来介绍寻找最大匹配中增广的具体步骤.

 算法 6.1 (用 vw 扩展 T)

输入: 给定图 G、匹配 M 和 M-交错树 T, 边 $vw \in E(G)$ 满足 $v \in B(T)$、$w \notin V(T)$ 且 w 是 M-覆盖的.

输出: 令 wz 是 M 中覆盖 w 的边 ($z \notin T$), 更新 $E(T) \cup \{vw, wz\} \longrightarrow E(T)$. □

在获得增广的树 T 之后, 我们来增广匹配 M.

 算法 6.2 (用 vw 增广 M)

输入: 给定图 G、匹配 M 和根为 r 的 M-交错树 T, 边 $vw \in E(G)$ 使得 $v \in B(T)$、$w \notin V(T)$ 且 w 是 M-暴露的.

执行: 令 P 为将 vw 接在 T 中从 r 到 v 的路后得到的路, 更新匹配 $M \triangle E(P) \to M$. □

1947年, W. T. Tutte 刻画了任意图中存在完美匹配的充要条件. 首先我们介绍奇偶分支的概念.

□ **概念**　奇分支: 图 G 中包含奇数个顶点的分支. 图 G 的奇分支的个数一般记为 $o(G)$.　　　　　　　　　　　　　　　　　　　□

自然地, 图 G 中包含偶数个顶点的分支称为偶分支.

例 6.4　如图 6.7 所示, 将图 G 分为三部分: 任取顶点子集 A, 其中 H_i 表示 $V(G) \setminus A$ 的奇分支, B_i 表示 $V(G) \setminus A$ 的偶分支.　　　　　□

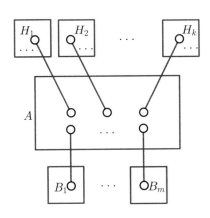

图 6.7

Tutte 提出的完美匹配定理在判定和证明图中是否存在完美匹配这一问题上发挥了重要作用.

定理 6.2　(Tutte 匹配定理)

给定图 $G = (V, E)$, G 存在完美匹配当且仅当对每一个顶点子集 A, 都有 $o(G \setminus A) \leqslant |A|$.　　　　　　　　　　　　　　　　　　□

交错树与完美匹配之间还存在一个简单的判定条件, 在介绍命题 6.1 之前, 我们先给出饱和树的概念.

◻ **概念** 对任意 $vw \in E(G)$, 若 $v \in B(T)$, 都有 $w \in A(T)$, 我们称这棵 M-交错树 T 为饱和的. ◻

交错树与完美匹配之间有如下关系.

命题 6.1

给定 G 的匹配 M, 如果存在一棵饱和的 M-交错树 T, 那么 G 没有完美匹配. ◻

证明 取饱和的 M-交错树 T 中到根节点距离为奇数的顶点子集 $A(T)$, 到根节点距离为偶数的顶点子集 $B(T)$. 显然, $B(T)$ 中的每个元素都是 $G \setminus A(T)$ 的单点奇分支. 因为 $|B(T)| > |A(T)|$, 即 $o(G \setminus A) > |A(T)|$, 由 Tutte 定理可知, 图 G 没有完美匹配. ◻

二部图的完美匹配
下面我们介绍二部图中基于 M-交错树的完美匹配算法.

 算法 6.3 (二部图的完美匹配算法)

初始: ____ 置 $M = \emptyset$.

迭代: ____ 选择一个 M-暴露顶点 r 并置 $T = (\{r\}, \emptyset)$.

While 存在 $vw \in E$ 使得 $v \in B(T)$, $w \notin V(T)$

If w 是 M-暴露的

用 vw 增广 M

If G 中没有 M-暴露顶点

返回完美匹配 M 并停止

Else

用 $(\{r\}, \emptyset)$ 代替 T, r 是 M-暴露的

Else

用 vw 扩展 T

终止迭代; G 没有完美匹配. ◻

根据命题6.1可以得到下面二部图中完美匹配存在性的判断条件.

命题 6.2

给定二部图 G、匹配 M 和 M-交错树 T, 且满足 G 中没有边 vw 使得 $v \in B(T)$, $w \notin V(T)$. 那么 T 是饱和的, 所以图 G 没有完美匹配.   □

证明 假如存在这样的边 vw, 使得 $v, w \in B(T)$, 这样由 $r \to v$ 的路 P 与 $w \to r$ 的路 P' 加上边 vw 会形成一个奇圈, 与 G 是二部图矛盾. 所以 T 是饱和的, 图 G 没有完美匹配.   □

6.4 一般图的匹配

最大匹配问题是指给定图 $G = (V, E)$, 寻找 G 的一个最大匹配. 我们已经看到, 在求解二部图完美匹配的问题中, 交错树是一个非常有用的工具. 但是求解二部图完美匹配的算法不能直接用于求解一般图的完美匹配, 如图 6.8 所示, 蓝边表示图中的匹配, 显然这个匹配不是完美匹配.

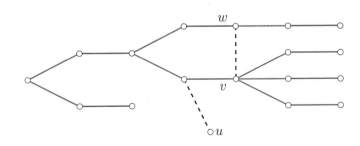

图 6.8

下面, 我们介绍一种适用于求解任意图完美匹配的"花算法", 这个算法与二部图的完美匹配算法有一定关系. 首先我们构造一个新图: 收缩

图 G 中的奇圈. 令 C 是图 G 的奇圈, 定义收缩圈 C 得到的图为 $G' = G \times C$:

$$V(G \times C) = V \setminus V(C) \cup \{C\},$$

$$E(G \times C) = E \setminus E(C) \cup \{vC \mid vw \in E(G), w \in C\}.$$

例 6.5 将图 6.9 中的奇圈 C_5 收缩成一个顶点, 相关联的边保留.   □

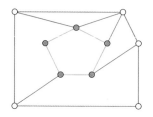 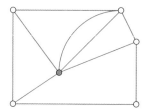

图 6.9 收缩左图中的圈 C_5 得到右图.

在寻找一般图的最大匹配算法中, 收缩奇圈的操作非常重要, 而且图 G 通过一序列的奇圈 C_i 收缩得到图 G', 称图 G' 为 G 的衍生图, 收缩之后由每个奇圈 C_i 产生的新顶点称为伪顶点. 根据收缩, 我们定义下面的顶点集合, 对任意 $v \in G'$, 定义

$$S(v) = \begin{cases} \{v\}, & \text{如果 } v \in V, \\ \bigcup_{w \in V(C_i)} S(w), & \text{如果 } v = C_i \text{ 是伪顶点}, w \in V(C_i). \end{cases}$$

我们注意到, $|S(v)|$ 总是奇数; 集合 $S(v)$ 形成 V 的一个划分.

类似于命题 6.1, 收缩奇圈之后得到的图 G' 也有类似的结论.

命题 6.3

给定图 G、G 的衍生图 G' 和 G' 的匹配 M', T 是 G' 的一棵 M'-交错树且 $A(T)$ 中没有伪顶点. 如果 T 是饱和的, 那么 G 没有完美匹配.   □

证明   考虑 $G \setminus A(T)$, 对任意 $v \in B(T)$ 得到一个顶点集合为 $S(v)$ 的分支. 因此,

$$o(G \setminus A(T)) > |A(T)|.$$

所以图 G 没有完美匹配.   □

所以, 如果衍生图 G' 有完美匹配, 那么原图 G 有完美匹配; 如果衍生图 G' 有饱和树 T, 那么原图 G 没有完美匹配.

完美匹配的花算法

下面介绍一般图完美匹配求解的花算法.

 算法 6.4 (完美匹配的花算法)

输入:　　图 G 和匹配 M.

初始:　　令 $G' = G$, $M' = M$, 选择 G' 的一个 M'-暴露顶点 r, 令 $T = (\{r\}, \emptyset)$.

迭代:　　While 存在 $vw \in E'$ 使得 $v \in B(T)$, $w \notin V(T)$

　　　　　情形 1: $w \notin V(T)$, w 是 M'-暴露的, 用 vw 增广 M'

　　　　　　　更新 $M = M'$, $G = G'$

　　　　　　　如果 G' 中没有 M'-暴露顶点, 返回完美匹配 M' 并停止

　　　　　　　否则, 用 $(\{r\}, \emptyset)$ 代替 T.

　　　　　情形 2: $w \notin V(T)$, w 是 M'-覆盖的, 用 vw 扩展 T.

　　　　　情形 3: $w \in B(T)$, 用 vw 收缩, 更新 M' 和 T.

返回:　　G'、M' 和 T, 停止迭代, G 没有完美匹配. 　　□

完美匹配花算法的时间复杂度如下.

定理 6.3

花算法在进行 $O(n)$ 次增广、$O(n^2)$ 次收缩以及 $O(n^2)$ 次树扩展后终止, 它能够正确地判定是否有完美匹配. 　　□

6.5 最小权完美匹配

给定图 G, 如果每条边都有一定的权值, 那么衍生出新的问题: 在所有的匹配中, 边权值总和最小的权值是多少? 我们称这个问题为最小权完美

匹配问题. 此问题写成整数规划的形式是:

$$\min \quad \sum_{e \in E} c_e x_e, \tag{6.2}$$

$$\text{s.t.} \quad \begin{cases} x(\delta(v)) = 1, & \text{对任意 } v \in V, \\ x_e \in \{0, 1\}, & \text{对任意 } e \in E. \end{cases}$$

这个问题的解与完美匹配有下面的关系:

> x 是 (6.2) 的可行解 $\iff$ x 是 G 的某个完美匹配的特征向量,
>
> x 是 (6.2) 的最优解 $\iff$ x 是 G 的某个最小权完美匹配的特征向量.

将这个整数线性规划松弛为一般线性规划问题:

$$\min \quad \sum \{c_e x_e : e \in E\}, \tag{6.3}$$

$$\text{s.t.} \quad \begin{cases} x(\delta(v)) = 1, & \text{对任意 } v \in V, \\ x_e \geqslant 0, & \text{对任意 } e \in E. \end{cases}$$

所以问题 (6.3) 的最优值给出完美匹配的最小权的一个下界.

二部图中的最小权完美匹配

考虑二部图中的最小权完美匹配问题, 我们有如下断言:

> 对二部图来说, (6.2) 和 (6.3) 有相同的最优值.

在二部图的最小权完美匹配算法中有著名的 Birkhoff (G. Birkhoff, 伯克霍夫, 1911–1996) 定理.

定理 6.4 (Birkhoff 定理)

给定二部图 $G = (V, E)$, $c \in \mathbb{R}^E$, 那么

- 图 G 有完美匹配当且仅当 (6.3) 存在可行解;

- 如果 G 有完美匹配, 那么完美匹配的最小权等于 (6.3) 的最优值. $\qquad \square$

- 问题 (6.3) 的对偶为

$$\max \quad \sum_{v \in V} y_v, \tag{6.4}$$

$$\text{s.t.} \quad y_u + y_v \leqslant c_e, \text{ 对任意 } e = uv \in E.$$

- 注意 y 对问题 (6.4) 可行当且仅当 $\overline{c_e} \geqslant 0$, 对任意 $e = uv \in E$, 其中

$$\overline{c_e} = \overline{c_e}(y) = c_e - (y_u + y_v),$$

$$E_= = E_=(y) = \{e \in E \mid \overline{c_e} = 0\},$$

集合 $E_=$ 中的元素称为关于 y 的"等边".

- 问题 (6.3) 和 (6.4) 的互补松弛条件:

$$x_e > 0 \implies \overline{c_e} = 0, \text{ 对任意 } e \in E. \tag{6.5}$$

- 假如 x 是 G 的某个完美匹配 M 的特征向量, 那么

$$\text{问题 (6.5) 等价于 } M \subseteq E_=. \tag{6.6}$$

给定问题 (6.4) 的一个可行解 y, 用之前介绍的算法来寻找一个完美匹配 M, 满足 $M \subseteq E_=$, 而且它是最小权的, 即对 (6.3) 来说是最优的; 否则, 算法将提交 $G_= = (V, E_=)$ 的一个匹配 M, 以及一棵满足 $B(T)$ 中的顶点通过等边仅与 $A(T)$ 中的顶点连接的 M-交错树.

图 6.10 是 $G_=$ 中的一棵饱和树:

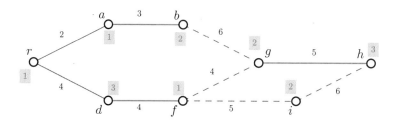

图 6.10 $G_=$ 中的一棵饱和树.

图 6.10 中存在完美匹配, 但关于当前 y 不存在包含在 $E_=$ 中的完美匹配.

• 改变 y.

思路：　(a) M 和 T 的边仍在 $E_=$ 中.

　　　　(b) $vw \in E$ 使得 $v \in B(T)$, $w \notin A(T)$, 希望 $\overline{c_e}$ 减少.

方法：　对任意 $v \in B(T)$, 将 y_v 增加 $\varepsilon > 0$; 对任意 $v \in A(T)$, 将 y_v 减少 $\varepsilon > 0$.

思路：　(c) 选择尽可能大的 ε 使 (6.4) 不丢失可行性且某条边进入 $E_=$ 中.

方法：　取 $\varepsilon = \min\{\overline{c_v w}: v \in B(T), w \notin V(T)\}$.

在图 6.10 的实例中取 $\varepsilon = 1$, 则边 fg 进入 $E_=$ 中.

一般图的最小权完美匹配

在上一小节提出的 Birkhoff 定理对一般图失效, 如图 6.11.

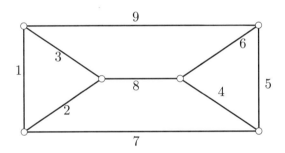

图 6.11

(1) 线性规划问题 (6.3) 存在可行解, 其目标函数值为 10.5;

(2) 完美匹配的最小权为 14.

• 奇割 $\delta(S)$: 假如 $|S|$ 是奇数.

如果 D 是奇割且 M 是完美匹配, 那么 $|M \cap D| \geqslant 1$ (等价于 M 包含 D 中至少一条边); 即如果 x 是某个完美匹配 M 的特征向量, 那么对 G 的某个奇割 D 满足

$$x(D) \geqslant 1. \tag{6.7}$$

此不等式称为花不等式.

- $\mathcal{C}=\{$ 奇割 $D \mid D$ 不具有 $\delta(v)$ 的形式 $\}$.

$$\min \quad \sum_{e \in E} c_e x_e, \tag{6.8}$$

$$\text{s.t.} \quad \begin{cases} x(\delta(v)) = 1, & \text{对任意 } v \in V, \\ x(D) \geqslant 1, & \text{对任意 } D \in \mathcal{C}, \\ x_e \geqslant 0, & \text{对任意 } e \in E. \end{cases}$$

对偶问题:

$$\max \quad \sum_{v \in V} y_v + \sum_{D \in \mathcal{C}} Y_D, \tag{6.9}$$

$$\text{s.t.} \quad \begin{cases} y_v + y_w + \sum (Y_D : e \in D \in \mathcal{C}) \leqslant c_e, & \text{对任意 } e = vw \in E, \\ Y_D \geqslant 0, & \text{对任意 } D \in \mathcal{C}. \end{cases}$$

定理 6.5

给定图 $G = (V, E)$, $c \in \mathbb{R}^E$, G 有完美匹配当且仅当问题 (6.8) 存在可行解; 此外, 如果 G 有完美匹配, 那么完美匹配的最小权等于 (6.8) 的最优值. □

我们利用描述的算法构造出一个完美匹配 M, 它的特征向量是 (6.8) 的最优解.

- 缩减费用

$$\overline{c_e} = c_e - (y_v + y_w) - \sum (Y_D : e \in D \in \mathcal{C}).$$

- 互补松弛条件

$$x_e > 0 \implies \overline{c_e} = 0, \text{对任意 } e \in E;$$

$$Y_D > 0 \implies x(D) = 1, \text{对任意 } D \in \mathcal{C}.$$

如果 x 是 G 的某个完美匹配 M 的特征向量, 那么以上条件等价于

$$e \in M \implies \overline{c_e} = 0, \text{对任意 } e \in E;$$

$$Y_D > 0 \implies |M \cap D| = 1, \text{对任意 } D \in \mathcal{C}.$$

基础练习   1.   假如某单位招聘职员, 有 4 个空缺职位: m_1, m_2, m_3, m_4, 单位一共收到 9 份应聘简历: $j_1, j_2, \ldots, j_9$. 但是职位和应聘者之间有一定的限制条件: 每位应聘者只能胜任某些职位, 两者之间的关系如表 6.2 所示.

表 6.2

	j_1	j_2	j_3	j_4	j_5	j_6	j_7	j_8	j_9
m_1	X	X			X		X		X
m_2	X	X	X	X			X	X	
m_3	X						X		
m_4		X						X	X

                             尝试使用图论的语言描述这个问题, 并构建出相应的模型.

       2.   判断图 6.12 是否存在完美匹配, 若不存在, 找出一个最大匹配.

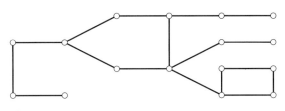

图 6.12

提升练习   1.   将最大匹配问题描述成整数规划问题.

       2.   证明定理 6.2.

实践练习   构造一个二部图, 并尝试通过编程实现算法 6.3.

7 第 7 章 中国邮递员问题

7.1 中国邮递员问题简介

　　在第 1 章中, 我们已经简单介绍了中国邮递员问题: 邮递员从邮局出发, 经过每条街道至少一次, 最后回到邮局, 他希望所走的路线尽可能短. 在离散优化中, 我们一般将该问题转化为下述模型.

❓ 问题 7.1 (中国邮递员问题)

输入:　　给定连通图 $G = (V, E, \omega)$, $\omega : E \to \mathbb{R}^+$, 其中顶点集合 V 表示街道的交叉口, 边集合 E 表示每条街道, $\omega(e)$ 表示每条街道的长度.

目标:　　从某一点出发, 经过每条边至少一次最终回到出发点的最短路线.　　　　　　　　　　　　　　　　　　　□

　　自中国邮递员问题提出之后的数年里, 很多学者研究不同图上的中国邮递员问题以及该问题的一些应用和变形.

7.2 Euler 环游

　　中国邮递员问题可以追溯到哥尼斯堡七桥问题, 参见 1.5 节. 针对中国邮递员问题构造出来的图模型, 寻找最短路线的问题与哥尼斯堡七桥问题有很大的相似性. 首先, 我们介绍一类特殊的图.

□　**概念**

- **Euler 迹**: 遍历图 G 中每条边恰好一次的途径.
- **Euler 环游**: 图 G 的一条闭 Euler 迹.
- **Euler 图**: 包含 Euler 环游的图.　　　　　　　　　　□

例 7.1　考虑下图 7.1 中从 S 出发的 Euler 环游:　　　　　　　□

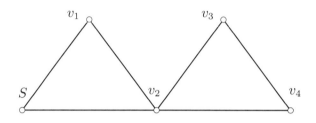

图 7.1

解　观察可知, 有 4 条 Euler 环游:

$$S - v_1 - v_2 - v_3 - v_4 - v_2 - S,$$
$$S - v_1 - v_2 - v_4 - v_3 - v_2 - S,$$
$$S - v_2 - v_3 - v_4 - v_2 - v_1 - S,$$
$$S - v_2 - v_4 - v_3 - v_2 - v_1 - S.$$
　　　　　　　□

关于 Euler 图的判定性, 有下面的充分必要条件.

定理 7.1

无向连通图 G 是 Euler 的当且仅当图 G 的每个顶点都是偶度.　　□

证明　($\Rightarrow$) 给定连通图 $G = (V, E)$, 假设图 G 是 Euler 图, C 是图 G 的一条 Euler 环游, 起点和终点为 v. 那么对任意顶点 $u \in V(G)$, C 进入点 u 和离开点 u 的次数相等, 又因为 C 遍历图 G 的每条边, 所以任意 $u \neq v$ 都是偶度. 而且 C 开始和结束都在点 v, 所以 $d(v)$ 也是偶数.

（⟸）用反证法. 假设图 G 不是 Euler 的, 且 G 每个顶点的度都是偶数. 取图 G 是满足条件的边数最少的那个图. 因为对任意 $v \in V$, 都有 $d(v) \geqslant 2$, 所以图 G 中包含圈, 也就是图 G 中一定包含闭迹. 取图 G 中一条最长的闭迹, 记为 C. 因为 C 不是 Euler 环游, 所以在 $G - E(C)$ 的某个连通分支 G' 中, 有 $|E(G')| > 0$.

因为 $C = (V(C), E(C))$ 本身是 Euler 图, $V(C)$ 中每个顶点都是偶度, 所以 G' 中每个顶点也都是偶度. 又根据 $|E(G')| < |E(G)|$, 故 G' 是一个 Euler 图, 那么 G' 中存在一条 Euler 环游, 记为 C'. 因为图 G 是连通的, 所以存在点 $v \in V(C) \cap V(C')$. 不妨设点 v 是 C 和 C' 的公共起点, 则 CC' 是图 G 中一条更长的闭迹, 这显然与 C 的选取矛盾.

证毕.　　　　　　　　　　　　　　　　　□

根据这些定义, 我们知道中国邮递员问题可以转化为寻找 Euler 图中的 Euler 环游问题.

7.3 无向图上的中国邮递员问题

本节我们将讨论 Euler 图和非 Euler 图上中国邮递员问题的算法.

Euler 图

在 Euler 图中显然存在 Euler 环游, 下面我们介绍具体的寻找算法.

 算法 7.1 (Fleury 算法)

输入:　　　Euler 图 $G = (V, E)$.

输出:　　　图 G 的一条 Euler 环游.

Step 1:　　任选顶点 v_0, 令 $w_0 = v_0$.

Step 2:　　假设迹 $w_i = v_0 e_1 v_1 \ldots e_i v_i$ 已选好, 选取 v_i 在 $G - E(w_i)$ 中的一条邻边 e_{i+1}, 且 e_{i+1} 不是 $G - E(w_i)$ 的割边, 除非没有别的选择.　□

例 7.2 按 Fleury 算法求解图 7.2 的一条 Euler 环游.   □

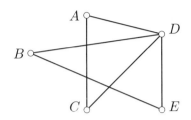

图 7.2

解 Euler 环游是 $A - D - E - B - D - C - A$.   □

注 割边的判断可能不太容易操作, 可以按照定理 7.1 的证明思路: 如果 C_0 是 Euler 环游, 则进行选择; 如果不是, 则按照如下操作来进行:

(1) 从一个点 v_0 出发, 找到一个闭迹 C_0, 在 G 中去掉 $E(C_0)$;

(2) 从 C_0 上某个点 v_1 出发, 找到一个闭迹 C_1, 如果 $C_0 \cup C_1$ 是 Euler 环游, 则结束迭代;

(3) 否则, 从 $C_0 \cup C_1$ 上某个点 v_2 出发继续寻找一个闭迹 C_2, 以此类推进行迭代, 直到终止.   □

非 Euler 图

如果一个图不是 Euler 图, 也就是说这个图中存在奇度顶点, 那么由推论 1.1, 图中奇度顶点的个数为偶数.

在非 Euler 图中, 也有相应的求解算法, 即 Edmonds-Johnson 算法.

❖ **算法 7.2** (Edmonds-Johnson 算法)

输入: 非 Euler 图 $G = (V, E)$.

输出: 图 G 的经过每条边至少一次且权重最小的环游.

Step 1:   找到所有奇度顶点 V'.

Step 2:   找到 V' 中所有点对的最短路.

Step 3:　以 V' 为基础构造完全图 H, $w(vw)$ 表示 v 和 w 间最短路的长度.

Step 4:　找到 H 的一个最小权完美匹配 M.

Step 5:　将 M 的每条边对应的最短路加到 G 中, 得到 G'.

Step 6:　在 G' 中找到 Euler 环游.　　　　　　　　　　　　　　□

例 7.3　按照上面的算法求解图 7.3 中图 G 的一条经过每条边至少一次且权重最小的环游.　　　　　　　　　　　　　　□

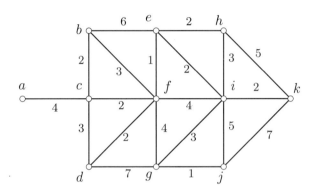

图 7.3

解　第一步: 找到所有的奇度顶点: $\{a, b, d, h, j, k\}$;

第二步: 寻找这些奇度顶点之间的最短路, 如表 7.1 所示.

表 7.1 求解结果.

	a	b	d	h	j	k
a						
b	6					
d	7	5				
h	9	6	5			
j	11	8	7	7		
k	11	9	8	5	6	

第三步: 构造由奇度顶点构成的完全图, 如图 7.4.

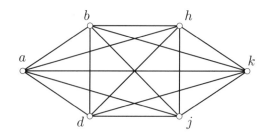

图 7.4 奇度顶点构成的完全图.

第四步: 找出完全图中的最小权完美匹配:

$$\{a,b\}\{d,h\}\{j,k\} : 6+5+6 = 17,$$

$$\{a,b\}\{d,j\}\{h,k\} : 6+7+5 = 18,$$

$$\{a,b\}\{d,k\}\{h,j\} : 6+8+7 = 21,$$

所以最小权完美匹配是 $\{a,b\}\{d,h\}\{j,k\}$, 按照权值还原到原图 G 中是下面的最短路: $a-c-b,\ d-f-e-h,\ j-g-i-k$.

第五步: 将最短路加到原图中构成重边得到图 7.5 中的新图 G':

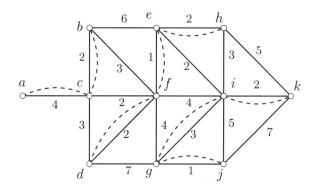

图 7.5

找到新图 G' 中的一条 Euler 环游: $a-c-f-i-k-j-g-d-c-b-f-e-h-k-i-j-g-i-e-h-i-g-f-d-f-e-b-c-a$. $\quad\square$

7.4 线性规划模型

中国邮递员问题可归结为: 给定连通图 $G = (V, E)$, 在每条边 $e = (v_i, v_j) \in E$ 关联的顶点 v_i 和 v_j 之间添加一条新的边 $e' = (v_j, v_i)$, 最终得到一个新的图 $G' = (V, E')$, 且 $|E(G')| = 2|E(G)|$. 求解 $E_1 \subseteq E'$, $E_1 \supseteq E$ 使得图 $G_1 = (V, E_1)$ 不包含奇度顶点而且总权值 $\sum_{e \in E_1} \omega(e)$ 最小.

首先, 我们将这个问题转化为 0–1 整数规划问题.

定义整数变量 $x_{i,j}$, $i, j \in [n]$, 变量对应着 E_1 中选中的边, 求解中国邮递员问题时, 我们要求过每条边至少一次且至多添加一条重边, 所以

$$\text{对任意} e = (v_i, v_j) \in E, \text{有} x_{i,j} + x_{j,i} \geqslant 1.$$

由于在 G_1 中不包含奇度顶点, 所以对任一顶点 v_i, 离开 v_i 的数目与进入 v_i 的数目相等, 即

$$\sum_{j \neq i} x_{j,i} - \sum_{j \neq i} x_{i,j} = 0.$$

根据中国邮递员问题的要求得到这一整数规划的目标函数:

$$\min \sum_{e \in E'} \omega(e) x_e,$$

所以中国邮递员问题的整数规划问题为:

$$\min \quad \sum_{e \in E'} \omega(e) x_e,$$

$$\text{s.t.} \begin{cases} \sum_j x_{j,i} - \sum_j x_{i,j} = 0, & i = 1, 2, \ldots, n, \\ x_{i,j} + x_{j,i} \geqslant 1, & \text{对任意} e = (v_i, v_j) \in E, \\ x_{i,j} \in \{0, 1\}, & \text{对任意} e = (v_i, v_j) \in E'. \end{cases}$$

7.5 有向图上的中国邮递员问题

将中国邮递员问题从普通图转到有向图中, 则有下述相关概念.

□ **概念**

- Euler 有向迹: 遍历图中每条边恰好一次的有向途径.
- Euler 有向环游: 图的一条闭 Euler 有向迹. □

例 7.4 图 7.6 中没有 Euler 有向环游, 因为没有从 $\{y_1, y_2, y_3\}$ 到 $\{x_1, x_2, x_3\}$ 的有向路. □

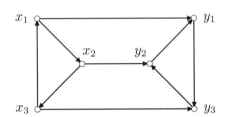

图 7.6

有向图中 Euler 环游的存在性有如下的充分必要条件.

定理 7.2

有向图 G 包含 Euler 环游当且仅当 G 是强连通的. □

强连通有向图 G 的 Euler 性与有向图中任意点的出入度有关.

定理 7.3

强连通的有向图 G 是 Euler 图当且仅当图 G 是平衡的, 即

$$对任意 x \in V(G), 有 d_G^+(x) = d_G^-(x).$$ □

在有向 Euler 图中也有相关的求解算法.

 算法 7.3 (有向图 Edmonds-Johnson 算法)

<u>输入:</u>   有向图 $G = (V, E)$.

<u>输出:</u>   图 G 的有向 Euler 环游.

Step 1:　　任取 $x_0 \in V(G)$，找到根在 x_0 的树形图 T，并令 $P_0 = x_0$.

Step 2:　　假设 T 中的有向迹 $P_i = x_i e_i x_{i-1} \ldots x_1 e_1 x_0$ 已经确定，取边 $e_{i+1} \in E(G)\backslash\{e_1, e_2, \ldots, e_i\}$ 满足:

(1) $e_{i+1} = x_{i+1} x_i$;

(2) $e_{i+1} \notin E(T)$，除非没有别的边可供选择. □

例 7.5 求解图 7.7 的有向 Euler 环游 [51]. □

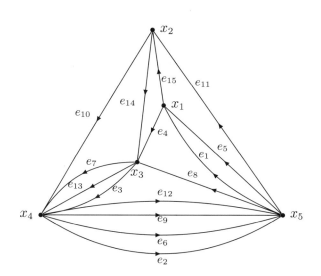

图 7.7

解 找到根在 x_1 的树形图:

$$x_1 e_{15} x_2 e_{14} x_3 e_{13} x_4 e_{12} x_5,$$

有向 Euler 环游是:

$$x_1 e_{15} x_2 e_{14} x_3 e_{13} x_4 e_{12} x_5 e_{11} x_2 e_{10} x_4 e_9$$

$$x_5 e_8 x_3 e_7 x_4 e_6 x_5 e_5 x_1 e_4 x_3 e_3 x_4 e_2 x_5 e_1 x_1.$$ □

定理 7.4

算法 7.3 终止时得到的有向迹 P 是有向 Euler 环游. □

证明 设 $P_n = x_n e_n x_{n-1}$ 是上述算法终止时构造的有向迹.

因为 G 是 Euler 图, 所以 G 是平衡的, $x_n = x_0$, 即 P_n 是有向闭迹. 假设 P_n 不是 Euler 环游, 那么存在 $a_1 \in E(G)$, 但 $a_1 \notin E(P_n)$, 令 $a_1 = x_i x_j$.

由 Step 2, 假设 $a_1 \in E(T)$, 因为 x_i 在 G 和 P_n 中都是平衡的, 所以存在 $a_2 \in E(G)$, 但 $a_2 \notin E(P_n)$, 令 $a_2 = x_k x_i$.

同样, 类似假设 $a_2 \in E(T)$, 存在 $a_3 \in E(G)$, 但 $a_3 \notin E(P_n)$, 令 $a_3 = x_l x_k$; 依次类推, 我们可以得到一个序列 $a_1, a_2, a_3, \ldots$, 最后可以追踪到 $x_0 = x_n$. 因为 x_n 在 G 和 P_n 中是平衡的, 所以存在 $a \in E(G)$, 但 $a \notin E(P_n)$, 矛盾. 证毕. $\qquad\square$

非有向 Euler 图

- 假设图 G 是强连通的, 但不是平衡的.

思路: 需要重复地走一些路 (添加费用最少的边), 构建一个平衡的 G^*.

做法: 对任意 $x \in V(G)$, 令

$$p(x) = d_G^-(x) - d_G^+(x).$$

令

$$X = \{x \in V(G) \mid p(x) > 0\},$$
$$Y = \{y \in V(G) \mid p(y) < 0\},$$
$$p = \sum_{x \in X} p(x) = -\sum_{y \in Y} p(y).$$

选取由 X 到 Y 的 p 条边不交的路 $P_1, P_2, \ldots, P_p$, 使得 $w(P_1) + w(P_2) + \cdots + w(P_p)$ 尽量小.

构造一个网络 $N = (G'(x_0, y_0), b, c)$, 其中 b 表示费用, c 表示容量.

- G' 是在 G 中添加两个新的顶点 x_0, y_0 形成的;
- 连接 x_0 到 X 中的点, 这些边费用为 0, 容量为 $p(x)$;
- 连接 Y 中的点到 y_0, 这些边费用为 0, 容量为 $-p(y)$;
- 对任意 $e \in E(G)$, 费用 $b(e) = w(e)$, 容量 $c(e) = \infty$;
- 寻找 N 的一个最小费用最大流.

例 7.6 如下有向图 7.8 所示:

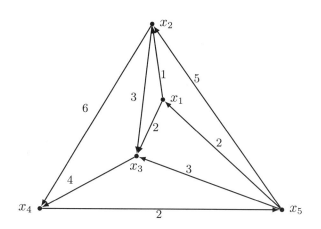

图 7.8

其中

$$p(x_1) = -1, \quad p(x_2) = 0, \quad p(x_3) = 2,$$
$$p(x_4) = 1, \quad p(x_5) = -2,$$

且

$$X = \{x_3, x_4\}, \quad Y = \{x_1, x_5\},$$

所以

$$p = p(G) = 3. \qquad \qquad \square$$

例 7.7 以图 7.8 为例, 求解出一个最小费用最大流. $\square$

解 (1) 构造 G' 和 $N = (G'(x_0, y_0), b, c)$, 如图 7.9 所示.

(2) 求解最小费用最大流, 如图 7.10 所示.

流 $f(a)$ 表示 a 这条边在 E^* 中出现的次数. $\square$

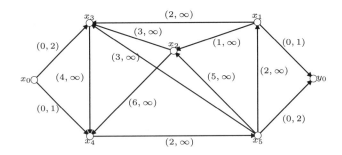

图 7.9

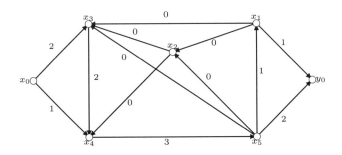

图 7.10

Edmonds-Johnson 算法描述如下:

Step 1: 构造 $G'(x_0, y_0)$ 及 $N = (G'(x_0, y_0), b, c)$.

Step 2: 求 N 中的最小费用最大流.

Step 3: 构造 $G^* = (v, E \cup E^*)$.

Step 4: 寻找 G^* 的 Euler 环游.

7.6 拓展阅读

中国邮递员问题最早是在 1962 年提出的. 当时, 山东省政府鼓励数学家积极参与实践活动, 将理论研究应用于实际生活中. 我国数学家管梅谷先生决定深入邮局了解情况, 他跟随邮递员们一起送信, 并逐渐发现他们在选择路线时有一定的规划. 后来, 他在《数学学报》上发表了题为"奇偶点图上作业法"的文章, 提出了"最好投递路线问题", 并给出了相应的解决方法.

1973 年, 著名数学家、John von Neumann 理论奖得主、加拿大滑铁卢大学教授 J. Edmonds 在论文 [12] 中提到"中国邮递员问题", 于是这一名字得到了大家的关注.

虽然这个问题是在 20 世纪被提出的, 但是直到现在它仍有着广泛的应用场景: 洒水车、垃圾收集车、警察治安巡逻、冬季街道扫雪等.

基础练习   1.   判断图 7.11 是否可以一笔画.

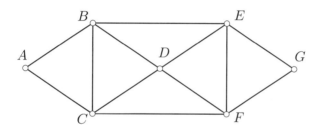

图 7.11

     2.   设 G 是非平凡的 Euler 图, 且 $v \in V$, 证明: G 的每条以 v 为起点的迹都能扩展为 G 的 Euler 环游当且仅当图 $G - v$ 是森林.

     3.   图 7.12 是否有 Euler 环游? 如果有, 请找到它.

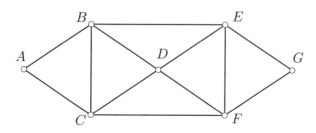

图 7.12

4. 找到图 7.13 的 Euler 环游.

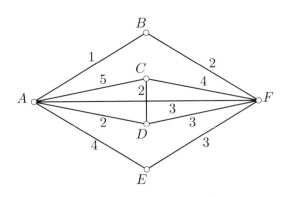

图 7.13

5. 写出有向图上中国邮递员问题的线性规划模型.

提升练习　1. 证明定理 7.2.
　　　　　　2. 证明定理 7.3.

实践练习　　编程求解例 7.5、例 7.6 和例 7.7.

8 第 8 章
随机算法

〈内容提要〉　　　边割问题　　　Karger 随机算法　　　最大 3-适定性问题　　　素数判定

8.1 边割问题

在之前的章节中, 我们已经初步介绍了边割的定义.

✓ 定义 8.1

给定图 $G = (V, E)$, 集合 $A \subseteq V(G)$, 定义边割

$$\delta(A) = \{uv \mid u \in A, v \in V(G) \backslash A, uv \in E(G)\}.$$ □

❓ 问题 8.1 (最大边割问题)

输入:　　　给定图 $G = (V, E)$.

输出:　　　求解图 G 的最大割的大小, 即

$$\max cut(G) = \max_{A \subseteq V} \delta(A).$$ □

用 m 表示图 G 的边数, 图的最大割具有如下性质.

性质 8.1 $\max cut(G) \geqslant \frac{1}{2}m.$ □

证明　　由于每个顶点以 $\frac{1}{2}$ 的概率选入集合 A (如图 8.1), 所以 $\delta(A)$ 的数学期望为

$$E[\delta(A)] = \sum_{e \in E(G)} E[e \in E(A, V \backslash A)] = \sum_{e \in E(G)} \frac{1}{2} = \frac{1}{2}m.$$

所以总存在 $A \subseteq V(G)$ 的一种选择方式满足 $\delta(A) \geqslant \frac{1}{2}m.$ □

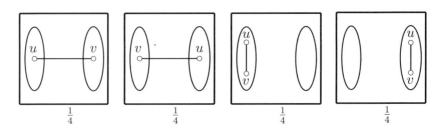

图 8.1

在离散优化中, 不仅有最大边割问题, 而且有最小边割问题. 最小边割问题就是我们之前介绍的边连通度.

❓ 问题 8.2 (最小边割问题)

输入:　　给定图 $G = (V, E)$.

输出:　　图 G 的最小边割数目, 即 $\kappa'(G) = \min_{A \subseteq V(G)} \delta(A)$.　　□

下面我们来证明求解边连通度的时间复杂度.

定理 8.1

$\kappa'(G)$ 可在多项式时间内求解.　　□

证明　由 Menger 定理可知, 对任意点对 u, v 有

$$\max\{\text{边不交的 } u\text{-}v \text{ 路的条数}\} = \min\{(u, v)\text{-边割的大小}\},$$

所以可以用最大流算法计算出 $\kappa'(G)$, 具体步骤如下.

构造有向图 $D = (V, A)$:

1. 对无向图 G, 使得对任意 $uv \in E(G)$, 有 $(u, v) \in A$ 且 $(v, u) \in A$, 每条有向边的容量上限为 1, 即 $0 \leqslant c(u, v) \leqslant 1$;

2. 任选一个点 x, 对任选的 $y \in V \backslash \{x\}$ 使用 Ford-Fulkerson 算法寻找 (x, y)-流;

3. 取 $\min_{y \in V \backslash \{x\}}$ 最大流, 即图 G 的最小边割 $\kappa'(G)$.

设最小边割为 $E(A, V \backslash A)$ 且 $x \in A$, 当取 $y \in V \backslash A$ 时, 最大 (x, y)-流即 $\delta(A)$.

运行时间: (x,y)-最大流 $\leqslant n-1$, 增广路循环 $\leqslant n-1$; 对固定的 y, 第二步求解最大流需要 $O(mn)$, 所以遍历所有顶点需要时间复杂度 $O(mn^2)$. $\square$

8.1.1 Karger 随机算法

我们接下来介绍一种求解 $\kappa'(G)$ 更简单的随机算法: Karger 随机算法.

> Karger 随机算法需要使用重图与边收缩.
>
> - 重图: 两个顶点之间有多条边存在.
> - 边收缩: 对 $uv = e \in E$, G/e 指将 u, v 两个顶点合并成一个顶点, 删除此过程中产生的自环, 保留平行边.

注意

$$\kappa'(G/e) \geqslant \kappa'(G).$$

 算法 8.1 (Karger 随机算法)

情形 1: 当 $n \geqslant 3$ 时, 随机选取 $e \in E(G)$, 令 $G/e \to G$.

情形 2: 当 $n = 2$ 时, 返回两点之间的边割值. $\square$

Karger 随机算法的时间复杂度是 $O(n^2)$ 或 $O(m)$. 我们自然会问: 运行足够多次 Karger 随机算法能否得到所求的结果?

(!) **断言 8.1**

运行一次 Karger 随机算法得到最小边割的概率是 $P \geqslant \frac{2}{n(n-1)}$. $\square$

假设断言 8.1成立, 那么在运行足够多 [如 $50n(n-1)$] 次后, 我们得到最小边割的概率至少为

$$1 - \left(1 - \frac{2}{n(n-1)}\right)^{50n(n-1)} \geqslant 1 - e^{-100},$$

故可以找到 $\kappa'(G)$, 而且找到最小边割的时间复杂度为 $O(n^4)$ 或 $O(n^2m)$.

断言 8.1 的证明　记 $\kappa'(G) = \delta(A) = k$. 首先, 我们计算每一步收缩都没取到这 k 条边的概率: 在第 i 步 $(1 \leqslant i \leqslant n-2)$ 时, 图 G_i 的边数 $|E(G_i)| \leqslant m - i + 1$. 此时没有取到这 k 条边的概率为

$$\frac{|E(G_i)| - k}{|E(G_i)|} \geqslant \frac{m - i + 1 - k}{m - i + 1},$$

则每一步都未取到这 k 条边的概率为

$$P = \prod_{i=1}^{n-2} \frac{|E(G_i)| - k}{|E(G_i)|}.$$

用 $|E(G_i)| \geqslant \frac{1}{2} k |V(G_i)|$ 对上述概率进行放缩得

$$P \geqslant \prod_{i=1}^{n-2} \frac{\frac{1}{2} k |V(G_i)| - k}{\frac{1}{2} k |V(G_i)|} = \prod_{i=1}^{n-2} \frac{|V(G_i)| - 2}{|V(G_i)|}$$

$$= \prod_{i=1}^{n-2} \frac{n - 1 - i}{n + 1 - i} = \frac{2}{n(n-1)}. \qquad \square$$

改进算法如下:

 算法 8.2 (Karger-Stein 算法)

Step 1:　当 $n \geqslant 3$ 时, 返回图的最小割的数值.

Step 2:　对 $i = 1$ 到 $(1 - \frac{1}{\sqrt{2}})n$, 随机选取 $e \in E(G)$, 令 $G/e \to G$.

Step 3:　完成 Step 2 之后, 令 G' 表示所得的新图, 对 G' 调用两次 Step 1 和 Step 2, 得到其中最小割的解. □

　　注　在进行 Step 2 时, 把图 G 的点数从 $|V(G)|$ 降至 $(1 - \frac{1}{\sqrt{2}})|V(G)|$, 如表 8.1 所示. □

表 8.1

点数 n	$\frac{n}{\sqrt{2}}$	$\frac{n}{(\sqrt{2})^2}$	$\cdots$	$\frac{n}{(\sqrt{2})^{2\log n}}$
G	$G_1^{(1)}$	$G_1^{(2)}$	$\cdots$	$G_1^{(2\log n)}$
	$G_2^{(1)}$	$G_2^{(2)}$	$\cdots$	$G_2^{(2\log n)}$
		$G_3^{(2)}$	$\cdots$	$G_3^{(2\log n)}$
		$G_4^{(2)}$	$\cdots$	$G_4^{(2\log n)}$
		$\cdots$		$\cdots$
				$G_{n^2}^{(2\log n)}$

改进算法与前面未改进的算法有相同之处: 进行 Step 2 之后, 每一步都未取到这 k 条边的概率为

$$P = \prod_{i=1}^{n-2} \frac{|E(G_i)| - k}{|E(G_i)|}.$$

用 $|E(G_i)| \geqslant \frac{1}{2}k|V(G_i)|$ 对上述概率进行放缩得到

$$P \geqslant \prod_{i=1}^{(1-\frac{1}{\sqrt{2}})n} \frac{\frac{1}{2}k|V(G_i)| - k}{\frac{1}{2}k|V(G_i)|} = \prod_{i=1}^{(1-\frac{1}{\sqrt{2}})n} \frac{|V(G_i)| - 2}{|V(G_i)|}$$

$$= \frac{n-2}{n} \cdot \frac{n-3}{n-1} \cdot \frac{n-4}{n-2} \cdot \cdots \cdot \frac{\frac{n}{\sqrt{2}} - 1}{\frac{n}{\sqrt{2}} + 1}$$

$$= \frac{(\frac{n}{\sqrt{2}} - 1)\frac{n}{\sqrt{2}}}{n(n-1)} \geqslant \frac{1}{2.001}.$$

此过程一共有 $2\log n$ 次递归, 设第 i 次递归一个大小为 $\frac{n}{(\sqrt{2})^i}$ 次的图 "成功" 地未取到这 k 条边的概率为 P_i, 用归纳法可证明

$$P_i \geqslant \frac{1}{2\log\frac{n}{\sqrt{2}}}, \quad P_{i-1} \geqslant 1 - \left(1 - \frac{1}{2}(1 - P_i)\right)^2.$$

所以若有 $P_i \geqslant \frac{1}{2\log\frac{n}{\sqrt{2}}}$, 则有 $P_{i-1} \geqslant \frac{1}{2\log\frac{n}{\sqrt{2}}}$, 即 $P_1 \geqslant \frac{1}{2\log\frac{n}{\sqrt{2}}}$.

若我们运行 $10(\log n)^2$ 次 Karger-Stein 算法, 则找到最小割的概率为

$$1 - \left(1 - \frac{1}{2\log\frac{n}{\sqrt{2}}}\right)^{10(\log n)^2} \geqslant 1 - \frac{1}{n^3}.$$

下面求时间复杂度. 记 $T(n)$ 为 n 个点的图的时间复杂度, 则有

$$T(n) = 2T\left(\frac{n}{\sqrt{2}}\right)$$

$$= O(n^2) + 2O\left(\left(\frac{n}{\sqrt{2}}\right)^2\right) + 4O\left(\left(\frac{n}{\sqrt{2}}\right)^4\right) + \ldots$$

$$= O(n^2\log n),$$

所以运算 $10(\log n)^2$ 次需要的总时间为 $O(n^2\log^3 n)$.

针对改进的 Karger-Stein 算法, 有下述断言.

⚠ 断言 8.2

Karger-Stein 算法给出最小割的概率至少为 $\frac{1}{2\log\frac{n}{\sqrt{2}}}$.   □

证明 记 $P(n)$ 表示在 n 个顶点的图中调用 Karger-Stein 算法取得最小割的概率.

给定 n 个顶点的图, 在执行 Step 2 之后得到 $\frac{n}{\sqrt{2}}$ 个顶点的图 G', 并对图 G' 执行两次 Step 1 和 Step 2 得到最小割, 其中由 G 收缩到图 G' 保留一个指定最小割的概率 a 至少为 $\frac{1}{2}$, 这是因为

$$a = \prod_{i=1}^{(1-\frac{1}{\sqrt{2}})n} \frac{|E(G_i)| - k}{|E(G_i)|} \geqslant \prod_{i=1}^{(1-\frac{1}{\sqrt{2}})n} \frac{\frac{1}{2}k|V(G_i)| - k}{\frac{1}{2}k|V(G_i)|} \geqslant \frac{1}{2} - \frac{1}{2n}.$$

记由 G' 调用 Karger-Stein 算法得到最小割的概率为 $P(\frac{n}{\sqrt{2}})$, 则由 G' 调用两次 Karger-Stein 算法, 每次没有给出最小割的概率为 $1 - aP(\frac{n}{\sqrt{2}})$, 所以两次都没有输出最小割的概率为

$$\left(1 - aP\left(\frac{n}{\sqrt{2}}\right)\right)^2 \leqslant \left(1 - \left(\frac{1}{2} - \frac{1}{2n}\right)P\left(\frac{n}{\sqrt{2}}\right)\right)^2,$$

即有

$$P(n) \geqslant 1 - \left(1 - aP\left(\frac{n}{\sqrt{2}}\right)\right)^2$$

$$\geqslant 1 - \left[1 - \left(\frac{1}{2} - \frac{1}{2n}\right)P\left(\frac{n}{\sqrt{2}}\right)\right]^2$$

$$= P\left(\frac{n}{\sqrt{2}}\right) - \frac{1}{n}P\left(\frac{n}{\sqrt{2}}\right) - \left(\frac{1}{2} - \frac{1}{2n}\right)^2\left[P\left(\frac{n}{\sqrt{2}}\right)\right]^2.$$

利用数学归纳法可以证明 $P(n) \geqslant \frac{1}{2\log\frac{n}{\sqrt{2}}}$, 即

$$P\left(\frac{n}{\sqrt{2}}\right) = \frac{1}{2\log\frac{n}{2}} = \frac{1}{2\log n - 2}$$

$$= \frac{(2\log n - 1)}{(2\log n - 2)(2\log n - 1)}$$

$$= \frac{(2\log n - 2 + 1)}{(2\log n - 2)(2\log n - 1)}$$

$$= \frac{1}{2\log n - 1} + \frac{1}{(2\log n - 2)(2\log n - 1)}$$

$$= \frac{1}{2\log n - 1} + \frac{1}{4\log^2 n - 6\log n + 2}.$$

又由于

$$\frac{1}{4\log^2 n - 6\log n + 2} - \frac{1}{n}\frac{1}{2\log\frac{n}{2}} - \left(\frac{1}{2} - \frac{1}{2n}\right)^2\frac{1}{(2\log\frac{n}{2})^2} \geqslant 0,$$

我们有

$$P(n) \geqslant \frac{1}{2\log\frac{n}{\sqrt{2}}} + \frac{1}{4\log^2 n - 6\log n + 2}$$
$$- \frac{1}{n}\frac{1}{2\log\frac{n}{2}} - \left(\frac{1}{2} - \frac{1}{2n}\right)^2 \frac{1}{(2\log\frac{n}{2})^2},$$

所以

$$P(n) \geqslant \frac{1}{2\log\frac{n}{\sqrt{2}}}.$$

证毕.   □

8.2 最大3-适定性问题

8.2.1 预备知识

例 8.1 (适定性问题) 如果一个变量 x 的取值是"真"或者"假", 则称它为布尔变量.

通常我们用1和0分别代表"真"和"假". 布尔变量可以用逻辑连接词"或"(用 $\vee$ 表示)、"与" (用 $\wedge$ 表示)、"否"连接起来组成布尔表达式. 变量 x 的否记为 $\overline{x}$; 变量 x 或者 $\overline{x}$ 称为文字.

若干文字用"或"连接而得到的布尔表达式称为句子; 若干句子用"与"连接起来的布尔表达式称为合取范式. 例如,

$$(x_1 \vee \overline{x_2} \vee x_3) \wedge (\overline{x_1} \vee x_4)$$

是定义在变量 x_1, x_2, x_3, x_4 上的合取范式.

一组变量 $X = \{x_1, \ldots, x_n\}$ 的真值分配是一个函数 $f : X \to \{0,1\}$.

如果 $f(x_i) = 1$, 则称 x_i 在 f 下为"真"并且称 $\overline{x_i}$ 在 f 下为"假". 如果一个句子 C 中至少有一个文字在 f 下为"真", 则称 f 适定 C. 定义在变量 X 上的合取范式 Φ 是可适定的, 如果存在 X 的真值分配 f 使得 f 适定 Φ 中的每个句子.

例如, 真值分配 f 使得 $f(x_1) = 0, f(x_2) = 0, f(x_3) = 0, f(x_4) = 1$ 是适定上述合取范式的真值分配, 因而该合取范式是可适定的.

? 问题 8.3 (适定性问题)

输入: 　定义在布尔变量 $X = \{x_1, \ldots, x_n\}$ 上的合取范式 $\Phi = C_1 \wedge C_2 \wedge \cdots \wedge C_m$.

问题: 　Φ 是否是可适定的? □

给定一个适定性问题的定义在 $X = \{x_1, x_2, \ldots, x_n\}$ 上的实例 $\Phi = C_1 \wedge C_2 \wedge \cdots \wedge C_m$, 以下是一种可能的编码方式:

- 任给 $1 \leqslant i \leqslant n$, 用 $s_i = 0 \ldots 1 \ldots 0$ 表示变量 x_i, 其中 1 只出现在第 i 个位置; 而 $\overline{s_i} = 1 \ldots 0 \ldots 1$ 表示 $\overline{x_i}$.
- 对于文字 $\lambda_i \in \{x_i, \overline{x_i}\}$, 用 t_i 表示其对应的字符串; 从而我们用 $s^j = \|_{\lambda_i \in C_j} t_i$ 表示句子 C_j, 其中 $\|$ 表示字符串的串联.
- 因此, Φ 可以用字符串 $s_\Phi = \|_{1 \leqslant j \leqslant m} s^j$ 表示.

因此, 适定性问题 $\text{SAT} = \{s_\Phi \mid \Phi \text{ 是可适定的}\}$. □

8.2.2　3-适定性问题

? 问题 8.4 (3-适定性问题)

输入: 　定义在布尔变量 $x_1, \ldots, x_n$ 上的合取范式 Φ, 其中 Φ 的每个句子都包含恰好 3 个文字.

问题: 　Φ 是否是可适定的? □

我们将在第 9 章证明 3-适定性问题是 $\mathcal{NP}$-完全问题, 从而不太可能存在求解该问题的多项式时间算法. 现在一个自然的问题是: 如果不存在一个能够适定给定公式中所有句子的真值分配, 那么对于给定公式最多能适定多少个句子? 这个问题被称为**最大 3-适定性问题** (MAX 3-SAT). 显然, MAX 3-SAT 是一个 $\mathcal{NP}$-困难的优化问题. 我们在这里给出一个随机近似算法, 该算法由 Johnson 在 [16] 中给出.

MAX 3-SAT 的简单随机算法

给定定义在变量 $X = \{x_1, x_2, \ldots, x_n\}$ 上的 3-SAT 实例, 对每个变量 x_i 以 1/2 的概率选择 x_i 要么是 0, 要么是 1, 且变量之间的选择是相互独立的, 输出得到的真值分配.

下面我们对该算法进行分析.

⊙ **引理 8.1**

设 $\Phi = C_1 \wedge C_2 \wedge \cdots \wedge C_k$ 是 3-SAT 的实例. 令 Z 表示随机真值分配所适定的句子个数, 则期望 $E[Z] = \frac{7}{8}k$.　　　　□

证明　令 Z_i 是一个 $\{0,1\}$-随机变量, 其中 $Z_i = 1$ 当且仅当第 i 个句子 C_i 是适定的. 我们注意到, 如果 C_i 不是适定的, 那么它的 3 个文字必须在随机真值分配下为假. 因为变量之间的取值是相互独立的, 所以 C_i 不是适定的概率为 $(1/2)^3 = 1/8$. 从而, $\Pr[Z_i = 1] = \frac{7}{8}$. 因此, $E[Z_i] = \Pr[Z_i = 1] = \frac{7}{8}$. 由 Z 的定义,

$$Z = Z_1 + Z_2 + \cdots + Z_k.$$

根据期望的线性性, $E[Z] = E[Z_1] + E[Z_2] + \cdots + E[Z_k] = \frac{7}{8}k$.　　　□

因为一个随机真值分配平均能适定 $\frac{7}{8}k$ 个句子, 则必然存在一个真值分配能适定至少 $\frac{7}{8}k$ 个句子.

定理 8.2

对于有 k 个句子、n 个变量的 3-SAT 实例, 存在适定至少 $\frac{7}{8}k$ 个句子的真值分配.　　　　□

证明　这里的概率空间 Ω 是所有的真值分配, 而每个真值分配被选中的概率为 $\frac{1}{2^n}$. 若 $Z(\omega) < E[Z]$, 对任意 $\omega \in \Omega$, 则

$$E[Z] = \sum_{\omega \in \Omega} \Pr[\omega] Z(\omega) < E[Z] \sum_{\omega \in \Omega} \Pr[\omega] = E[Z],$$

矛盾. 因此, 必然存在某个真值分配适定至少 $\frac{7}{8}k$ 个句子.　　　□

定理 8.2 的结论与随机性无关, 但却是从随机构造而来的. 这是组合学中一个非常普遍的原理, 即可以通过证明满足某个性质的对象发生的概

率严格大于 0, 来证明这样的对象是存在的. 通过这种原理来证明某些对象的存在性被称为概率方法.

因为该算法随机输出一个真值分配, 故无法保证输出的真值分配适定至少 $\frac{7}{8}k$ 个句子. 要保证找到适定至少 $\frac{7}{8}k$ 个句子的真值分配, 一个自然的方法是重复运行上述算法, 直到输出的真值分配满足条件. 现在的问题是: 平均需要运行多少次算法, 才能输出一个满足条件的真值分配? 下面的定理告诉我们, 平均运行的次数是输入规模的多项式.

定理 8.3

对于有 k 个句子、n 个变量的 3-SAT 实例, 若运行上述随机算法直到输出一个适定至少全部句子 $\frac{7}{8}$ 的真值分配, 则其平均时间复杂度不超过 $8k$ (从而是一个多项式时间随机算法). □

证明 假设算法成功的概率为 p. 则算法运行的次数 X 服从几何分布, 从而 $E[X] = 1/p$. 对 $j = 0, 1, \ldots, k$, 令 p_j 表示一个随机真值分配恰好适定 j 个句子的概率. 因此, 平均适定句子的个数为 $\sum_{j=0}^{k} jp_j$. 由引理 8.1, 有

$$\sum_{j=0}^{k} jp_j = \frac{7}{8}k.$$

我们需要给出 $p = \sum_{j \geq \frac{7}{8}k} p_j$ 的下界. 将上述左边求和式拆分成两项:

$$\frac{7}{8}k = \sum_{j=0}^{k} jp_j = \sum_{j < \frac{7}{8}k} jp_j + \sum_{j \geq \frac{7}{8}k} jp_j.$$

令 k' 是比 $\frac{7}{8}k$ 严格小的最大正整数. 我们注意到 $\sum_{j < \frac{7}{8}k} p_j = 1 - p$, 从而

$$\frac{7}{8}k \leq k'(1-p) + kp \leq k' + kp,$$

故 $kp \geq \frac{7}{8}k - k'$. 因为 k' 是一个自然数且严格小于 $\frac{7}{8}$ 乘以另一个自然数,

$$\frac{7}{8}k - k' \geq \frac{1}{8},$$

故 $kp \geq \frac{1}{8}$, $p \geq \frac{1}{8k}$. 因此算法平均时间复杂度为 $E[X] = 1/p \leq 8k$. □

8.3 素数判定问题

在本小节, 我们给出一个判定素数的经典随机算法, 即 Miller-Rabin 算法, 该算法的输入为一个正整数, 输出为 "素数" 或者 "合数". 这个算法具有单边误差: 当算法输出为 "合数" 时, 输入一定是合数; 而当输出为 "素数" 时, 输入可能是素数也可能是合数. 但 Miller 和 Rabin 证明了算法出现误判的概率不超过 1/2. 本小节的主要定理 [27, 33] 如下所示.

定理 8.4

存在一个具有单边误差的多项式时间随机算法, 该算法的输入是一个正整数, 输出要么是 "素数", 要么是 "合数", 使得当输出 "合数" 时, 输入一定是合数; 当输出 "素数" 时, 输入是素数的概率至少为 1/2.　　□

8.3.1 预备知识

首先我们给出数论中的一些基础知识. 我们需要的第一个工具是著名的 Fermat (费马, 1607–1665) 小定理, 其证明见 [49].

定理 8.5 (Fermat 小定理)

若 p 是素数, 则对任何不能被 p 整除的正整数 a, 有

$$a^{p-1} \equiv 1 \pmod{p}.$$
　　□

我们需要的第二个工具是平方根的概念.

⊘ **定义 8.2** (1 的模 n 平方根)

若 $a \in \{1, 2, \ldots, n-1\}$ 满足 $a^2 \equiv 1 \pmod{n}$, 则称 a 是 1 的模 n 平方根.　　□

例 8.2 正整数 1 有 4 个模 8 平方根, 它们是 $1, 3, 5, 7$.　　□

容易证明若 p 为素数, 则 1 只有两个模 p 平方根, 即 1 和 $n - 1$ ($\equiv -1$ $\pmod{n}$).

引理 8.2

若 p 是素数, 则 1 的模 p 平方根为 1 和 $n-1$.   □

8.3.2 Miller-Rabin 算法

下面, 我们给出经典的 Miller-Rabin 算法, 该算法的思想如下. 若 n 是偶数, 则如果 $n = 2$, 输出 "素数"; 否则输出 "合数". 故可以假定 $n \geqslant 3$ 是奇数. 从 $\{1, 2, \ldots, n-1\}$ 中等概率选择一个数 a.

(1) 算法首先对 a 进行 Fermat 检验, 即判定 $a^{n-1} \pmod{n}$ 是否为 1. 若 $a^{n-1} \not\equiv 1 \pmod{n}$(这时称 a 没有通过 Fermat 检验), Fermat 小定理告诉我们 n 不是素数, 则算法输出 "合数".

(2) 否则, a 通过了 Fermat 检验, 进一步对 a 进行平方根检验. 其思想如下: 因为 $(a^{(n-1)/2})^2 \equiv 1 \pmod{n}$, 故 $a^{(n-1)/2}$ 是 1 的模 n 平方根.

- 若 $a^{(n-1)/2} \not\equiv 1 \pmod{n}$, 进一步判断 $a^{(n-1)/2} \pmod{n}$ 是否为 -1. 若 $a^{(n-1)/2} \not\equiv -1 \pmod{n}$, 则 $a^{(n-1)/2} \not\equiv \pm 1 \pmod{n}$, 由引理 8.2 可知 n 不是素数, 算法输出 "合数". 若 $a^{(n-1)/2} \equiv -1 \pmod{n}$, 则表明 a 通过了平方根检验, 于是输出 "素数" (这里是可能出现误判的地方).

- 若 $a^{(n-1)/2} \equiv 1 \pmod{n}$, 则 $a^{(n-1)/4}$ 也是 1 的模 n 平方根, 对其重复上述判断.

下面是 Miller-Rabin 算法的伪代码.

 算法 8.3 (Miller-Rabin 算法)

输入: 正整数 $n \geqslant 2$.

输出: "素数" 或者 "合数".

迭代: 若 n 是偶数, 则当 $n = 2$ 时, 输出 "素数"; 否则输出 "合数".

从 $\{1, 2, \ldots, n-1\}$ 中等概率选择一个数 a.

若 $a^{n-1} \not\equiv 1 \pmod{n}$, 则输出 "合数".

令 $n - 1 = st$, 其中 s 是奇数, $t = 2^h$ 是 2 的方幂.

计算 $a^{s2^0}, a^{s2^1}, \ldots, a^{s2^h}$ 模 n 的值.

若此序列中有某个值不为1, 则从序列最后开始找到第一个不为1的数值. 若该数不为 -1, 则输出"合数"; 否则输出"素数". □

8.3.3 正确性分析

由上述分析可知, 当算法输出为"合数"时, 则输入必为合数.

引理 8.3

若 Miller-Rabin 算法输出为"合数", 则输入必定为合数. □

我们证明, 当 Miller-Rabin 算法输出为"素数"时, 该判定有较大概率是正确的. 其证明 (见 [49]) 需要用到中国剩余定理, 我们将其留作练习.

定理 8.6 (中国剩余定理)

若整数 $p, q \geq 2$ 互素, 则对任意正整数 a, b 都存在正整数 x, 使得

$$x \equiv a \pmod{p}, \quad x \equiv b \pmod{q}.$$ □

Miller 和 Rabin 证明了如下结果.

引理 8.4

若 Miller-Rabin 算法输出为"素数", 则输入为合数的概率不超过 $1/2$. □

证明 假定算法的输入 n 是个奇合数, 我们只需证明算法至少有 $1/2$ 的概率输出"合数". 给定正整数 a, 若 a 不能通过 Fermat 检验或平方根检验, 则称 a 是见证者 (即表明 n 是合数). 从而只需证明, $\{1, 2, \ldots, n-1\}$ 中至少有一半是见证者. 下面, 我们通过构造 $\{1, 2, \ldots, n-1\}$ 中一个从非见证者到见证者的单射来证明这个事实.

假设 $a \in \{1, 2, \ldots, n-1\}$ 是非见证者, 则 $a^{n-1} \equiv 1 \pmod{n}$ 且算法第6行输出"素数". 这表明要么 $a^{s2^0}, a^{s2^1}, \ldots, a^{s2^h}$ 模 n 的值全为1, 要么存在某个 j, 使得 $a^{s2^j} \equiv -1 \pmod{n}$ 且 $a^{s2^k} \equiv 1 \pmod{n}, \forall k > j$. 若 $a^{s2^0}, a^{s2^1}, \ldots, a^{s2^h}$ 模 n 的值全为1, 称 a 是第一类非见证者; 否则 a 是第二类非见证者. 我们观察到1是第一类非见证者, 而 $n-1$ ($\equiv -1 \pmod{n}$) 是第二类非见证者.

在所有 $\{1, 2, \ldots, n-1\}$ 中的第二类非见证者中, 选取一个 h 使得 -1 出现在序列尽可能后面的位置. 令 j 是对应于 h 的序列中从最后开始数 -1 出现的第一个位置. 则

$$h^{s2^j} \equiv -1 \pmod{n}, \quad h^{s2^k} \equiv 1 \pmod{n}, \quad \forall k > j. \tag{8.1}$$

因为 n 是合数, 故 n 是素数幂或者能写成两个互素的数 q, r 的乘积 $n = qr$, 其中 $1 < q, r < n$.

情形 1: $n = qr, 1 < q, r < n$ 且 q, r 互素.

由中国剩余定理, 存在正整数 t 使得

$$t \equiv h \pmod{q},$$
$$t \equiv 1 \pmod{r}.$$

由 (8.1),

$$t^{s2^j} \pmod{q} = h^{s2^j} \pmod{q} = -1,$$
$$t^{s2^j} \pmod{r} = 1.$$

若 $t^{s2^j} \equiv 1 \pmod{n}$, 则因为 $q | n$ 有 $t^{s2^j} \equiv 1 \pmod{q}$, 这与 $t^{s2^j} \equiv -1 \pmod{q}$ 矛盾, 故 $t^{s2^j} \not\equiv 1 \pmod{n}$. 同理, $t^{s2^j} \not\equiv -1 \pmod{n}$. 另一方面, 因为 $q | t^{s2^j} + 1$ 且 $r | t^{s2^j} - 1$, 从而 $n = qr | t^{s2^{j+1}} - 1$, 即 $t^{s2^{j+1}} \equiv 1 \pmod{n}$. 因此 t 是见证者:

$$t^{s2^j} \not\equiv \pm 1 \pmod{n}, \tag{8.2}$$
$$t^{s2^{j+1}} \equiv 1 \pmod{n}. \tag{8.3}$$

下面证明 $d \mapsto dt \pmod{n}$ 是一个从非见证者到见证者的单射.

假设 $d \in \{1, 2, \ldots, n-1\}$ 是非见证者. 根据 h 的选择可知, $d^{s2^j} \equiv \pm 1 \pmod{n}$ 且 $d^{s2^{j+1}} \equiv 1 \pmod{n}$. 由 (8.2),

$$(dt \pmod{n})^{s2^j} = (dt)^{s2^j} \pmod{n}$$
$$= d^{s2^j} \pmod{n} \, t^{s2^j} \pmod{n}$$
$$\not\equiv \pm 1 \pmod{n}.$$

另一方面, 由 (8.3),

$$(dt \pmod{n})^{s2^{j+1}} \equiv 1 \pmod{n},$$

故 $dt \pmod{n}$ 是见证者.

假设 d_1, d_2 是两个非见证者, 且 $d_1 t \pmod{n} = d_2 t \pmod{n}$. 由

$$tt^{s2^{j+1}-1} \equiv 1 \pmod{n},$$

可得

$$d_1 \pmod{n} = t^{s2^{j+1}} d_1 \pmod{n} \tag{8.3}$$

$$= t^{s2^{j+1}-1} t d_1 \pmod{n}$$

$$= t^{s2^{j+1}-1} t d_2 \pmod{n} \quad d_1 t \pmod{n} = d_2 t \pmod{n}$$

$$= t^{s2^{j+1}} d_2 \pmod{n}$$

$$= d_2 \pmod{n}. \tag{8.3}$$

故 $d \mapsto dt \pmod{n}$ 是一个从非见证者到见证者的单射.

情形 2: $n = q^e, q$ 是素数且 $e > 1$.

令 $t = q^{e-1} + 1 > 1$. 由二项式展开,

$$t^n = (1 + q^{e-1})^n = 1 + nq^{e-1} + q^{e-1} \text{ 的高次幂},$$

从而 $t^n \equiv 1 \pmod{n}$. 故 $t^{n-1} \not\equiv 1 \pmod{n}$, 即 t 是一个见证者.

下面证明 $d \mapsto dt \pmod{n}$ 是一个从非见证者到见证者的单射.

令 $d \in \{1, 2, \ldots, n-1\}$ 是一个非见证者, 则 $d^{n-1} \equiv 1 \pmod{n}$. 从而

$$(dt \pmod{n})^{n-1} = (dt)^{n-1} \pmod{n}$$

$$= d^{n-1} \pmod{n} t^{n-1} \pmod{n} \not\equiv 1,$$

故 $dt \pmod{n}$ 是见证者.

假设 d_1, d_2 是两个非见证者, 且 $d_1 t \pmod{n} = d_2 t \pmod{n}$, 则

$$d_1 \pmod{n} = t^n d_1 \pmod{n}$$

$$= t^{n-1} t d_1 \pmod{n} = t^{n-1} t d_2 \pmod{n}$$

$$= t^n d_2 \pmod{n} = d_2 \pmod{n}.$$

从而 $d \mapsto dt$ 是一个从非见证者到见证者的单射.

无论是哪种情况, 我们都找到了一个从非见证者到见证者的单射, 故引理得证. $\qquad\square$

8.3.4 时间复杂度

在本小节, 我们证明 Miller-Rabin 算法是一个多项式时间算法. 给定正整数 n, 计算机中存储 n 需要 $\lceil \log n \rceil$ 位. 因此给定正整数 a, b,

- $a \pm b$ 可以在 $O(\max\{\log a, \log b\})$ 内求解,
- ab 可在 $O(\log a \log b)$ 内求解.

Miller-Rabin 算法的主要工作在于求模指数, 下面是一个求模指数的递归算法.

 算法 8.4 (模指数算法 modexp(x, y, N))

输入: 　　正整数 x, y, N.

输出: 　　$x^y \pmod N$.

迭代: 　　若 $y = 1$, 返回 $x \pmod N$.

　　　　　令 $z = \mathrm{modexp}(x, \lfloor y/2 \rfloor, N)$.

　　　　　若 y 是偶数, 返回 $z^2 \pmod N$;

　　　　　　　否则返回 $x \pmod N)z^2 \pmod N$. 　　□

➔ 引理 8.5

模指数算法 modexp 是一个立方时间算法. 　　□

> **证明**　令 n 是 x, y, N 的输入规模的最大值. 则
>
> - $\mathrm{modexp}(x, y, N)$ 将进行 $\lceil \log y \rceil \leqslant n$ 次递归调用.
> - 每次递归调用需要做 1 或 2 次乘法运算 (取决于 y 的奇偶性); 每次乘法运算是两个小于 N 的正整数的乘法, 因此需要 $O(\log^2 N) = O(n^2)$.
>
> 故算法的时间复杂度为 $O(n^3)$. 　　□

➔ 引理 8.6

给定正整数 n, Miller-Rabin 算法能在 $O(\log^4 n)$ 时间内输出答案. 　　□

证明 算法的主要工作如下:

- 算法第 3 行需要计算 $a^{n-1} \pmod n$;
- 算法第 6 行需要计算 $a^{s2^0}, a^{s2^1}, \ldots, a^{s2^h}$ 模 n 的值. 共需要调用 modexp 算法 $h+1 \leqslant \lceil \log n \rceil + 1$ 次.

因此算法需要调用 $O(\log n)$ 次 modexp. 由引理 8.5, 每次调用需要 $O(\log^3 n)$, 故算法的时间复杂度为 $O(\log^4 n)$. □

□ 结论 定理 8.4 由引理 8.3、引理 8.4 以及引理 8.6 可得.

通过独立运行 Miller-Rabin 算法很多次, 误判概率将随运行次数指数递减. 假设独立运行 Miller-Rabin 算法 k 次.

- 若某次输出为"合数", 则由引理 8.3 可知, 输入必为合数.
- 若每次的输出都为"素数", 则由引理 8.4, 输入 n 为合数的概率不超过 $(\frac{1}{2})^k$. 当 k 充分大时, 此概率可以任意接近 0.

因此, 当独立运行 Miller-Rabin 充分多次后, 算法将以几乎为 1 的概率正确判定输入的数是否为素数. 若 k 取输入规模的多项式, 算法仍然是多项式时间的. □

基础练习

1. 证明: 若 3-SAT 的实例的句子个数 $k \leqslant 7$, 则该实例一定是可适定的.
2. 给出 1 的所有模 21 平方根.
3. 对 $n=12, a=7$ 运行 Miller-Rabin 算法, 并给出算法的输出.
4. 如果 Miller-Rabin 算法中舍去平方根检验, 即省略倒数两行, 若 a 没有通过 Fermat 检验, 则输出"合数", 否则输出"素数", 引理 8.4 是否仍然成立? 请说明理由.
5. 若独立运行 Miller-Rabin 算法 $k = \log^2 n$ 次, 对输入 $n = 2^{10}$, Miller-Rabin 算法所有运行都误判的概率是多少?

提升练习

1. k-SAT 表示判定一个给定公式是否是可适定的, 其中公式中的每个句子恰好含有 k 个文字. 对于一个含有 m 个句子的 k-SAT 实例, 证明存在一个真值分配能够适定 $(1 - \frac{1}{2^k})m$ 个句子.

2. 给定正整数 k, 记 $R(k,k)$ 是最小的正整数 n 使得任何 n 个顶点的图要么有一个大小为 k 的团, 要么有一个大小为 k 的独立集. 用概率方法证明

$$R(k,k) \geqslant 2^{k/2}.$$

3. 考虑如下判定素数的算法. 输入正整数 $n \geqslant 2$, 对每个整数 $2 \leqslant t \leqslant \lfloor \sqrt{n} \rfloor$, 判定是否有 t 整除 n. 若存在这样的数 t, 则输出"合数", 否则输出"素数".

　　该算法是一个多项式时间算法吗? 如果是, 请给出证明; 如果不是, 请说明理由.

4. 证明引理 8.2.

实践练习　　通过查阅文献回答: 是否存在多项式时间算法, 可以判定给定正整数是否为素数?

9

第 9 章

计算复杂性理论

〈内容提要〉　　　计算复杂性　　多项式时间归约　　判定问题　　$\mathcal{NP}$ 类　　$\mathcal{NP}$-完全

本书前面章节介绍的很多问题都是能够有效求解的. 有效求解的含义是指对于每个这样的离散优化问题, 我们能够设计一个精确求解该问题的算法, 使得该算法的运行时间是该问题输入规模的多项式函数. 比如, 有 n 个顶点和 m 条边的图的最小生成树可以在 $O(m + \log n)$ 时间内找到. 不幸的是, 对于许多自然并且重要的离散优化问题, 我们目前并不知道是否存在多项式时间算法. 换言之, 对于这些问题, 我们既没有找到求解它们的多项式时间算法, 也不能够证明这样的算法不存在.

理论计算机科学家发展了计算复杂性理论用以描述这类现象. 虽然我们无法回答这些问题是否存在多项式时间算法, 但是计算复杂性理论可以告诉我们, 所有这些问题在如下意义下是等价的: 如果某一个问题存在多项式时间算法, 那么其他任何问题也都存在多项式时间算法. 这些问题就是所谓的 $\mathcal{NP}$-完全问题. 我们将在本章介绍计算复杂性理论的基本概念, 并将上述关于这些问题等价性的论断建立在严格的数学基础上.

从实用角度看, 如果一个问题被证明是 $\mathcal{NP}$-完全的, 这就表明几乎不可能存在精确求解这个问题的多项式时间算法. 可以精确求解 $\mathcal{NP}$-完全问题的任何算法, 在最坏情况下需要花费指数级时间, 从而除规模很小的实例可以求解外是根本不实用的. 因此, 一旦某个问题被证明是 $\mathcal{NP}$-完全的, 研究人员就可以避免白花力气去寻找该问题的多项式时间算法, 从而需要采取其他途径来求解这类困难问题, 这些途径正是本书后面章节要介绍的内容.

9.1 多项式时间归约

问题转化是重要的数学思想. 在计算复杂性理论中, 多项式时间归约是问题转化的精确数学描述. 我们首先给出多项式时间归约的定义.

⊘ **定义 9.1** (多项式时间归约)

给定两个计算问题 Π_1 和 Π_2. 我们称 Π_1 多项式时间归约到 Π_2, 如果存在求解 Π_1 的算法 $\mathcal{A}$, 使得

- $\mathcal{A}$ 只需多项式次常规计算 (四则运算、比较大小、同余等);
- $\mathcal{A}$ 多项式次以单位费用调用求解 Π_2 的 (假想) 算法.

我们称 $\mathcal{A}$ 是 Π_1 到 Π_2 的一个**多项式时间归约算法**, 并用 $\Pi_1 \leqslant_P \Pi_2$ 表示 Π_1 多项式时间归约到 Π_2. □

定义 9.1 中至关重要的一点是, 调用求解 Π_2 的算法被看作一个消耗单位费用的指令: 我们假想有一个可以求解 Π_2 的"黑盒子", 算法 $\mathcal{A}$ 通过这个"黑盒子"的额外计算能力能够在多项式时间内求解 Π_1.

例 9.1 (最大流问题多项式时间归约到最短路问题) 回忆求解最大流问题的 Edmonds-Karp 算法 (最短增广路算法). 该算法从零流开始, 不断寻找关于当前辅助有向图中最短的 s-t 路, 并通过该路增广流值, 直到辅助有向图中不存在 s-t 路. 对一个有 n 个顶点和 m 条边的图 G, Edmonds-Karp 算法会在 $mn/2$ 次增广后终止 (定理 5.4) [22]. 每次增广需要构造辅助有向图, 并沿增广路增加流值, 这个过程只需多项式次常规计算, 故算法总共需要多项式次常规计算. 另外, 每次增广需要调用求解最短路问题的假想算法 1 次, 故算法总共需要调用假想算法 $mn/2$ 次. 因此, Edmonds-Karp 算法是最大流问题到最短路问题的一个多项式时间归约算法. □

例 9.2 (顶点覆盖问题多项式时间归约到最大独立集问题) 给定无向图 $G = (V, E)$, 最大独立集问题是指求 G 的最大独立集; 顶点覆盖问题是指求 G 的最小顶点覆盖. 根据独立集和顶点覆盖的定义容易看到, S 是 G 的独立集当且仅当 $V - S$ 是 G 的顶点覆盖. 从而, 顶点覆盖问题可以多项式时间归约到独

立集问题: 如果有一个假想算法 $\mathcal{B}$ 求解独立集问题, 那么求解顶点覆盖问题的算法只需调用 1 次 $\mathcal{B}$ 以求得 G 的最大独立集 S, 从而 $V - S$ 是 G 的最小顶点覆盖. 显然, 求 $V - S$ 只需多项式次常规计算. 同理, 独立集问题多项式时间归约到顶点覆盖问题. □

如果我们使用已知的求解最短路问题的多项式时间算法去替换例 9.1 中的假想算法, 那么我们能够得出 Edmonds-Karp 算法是求解最大流问题的多项式时间算法的结论. 这是多项式时间归约的重要性质.

定理 9.1

设 Π_1 和 Π_2 是两个计算问题, $\Pi_1 \leqslant_P \Pi_2$. 如果 Π_2 有多项式时间算法, 那么 Π_1 也有多项式时间算法. □

证明 设 $\mathcal{B}$ 是求解 Π_2 的多项式时间算法, 使得对任意 Π_2 的实例 I, $\mathcal{B}$ 能在 $p(|I|)$ 时间内求解 Π_2, 其中 $p(\cdot)$ 是一个多项式函数. 令 $\mathcal{A}$ 是从 Π_1 到 Π_2 的调用 $\mathcal{B}$ 的多项式时间归约算法. 根据定义, 对任意 Π_1 的输入规模为 n 的实例, 我们有

- $\mathcal{A}$ 只需 $q(n)$ 次常规操作, 其中 $q(\cdot)$ 是多项式函数;
- $\mathcal{A}$ 调用 $r(n)$ 次 $\mathcal{B}$, 其中 $r(\cdot)$ 是多项式函数.

现在考虑 Π_1 的任意输入规模为 n 的实例 I. 我们注意到, $\mathcal{A}$ 在算法运行的某个时刻需要对某些 Π_2 的实例 I' 调用 $\mathcal{B}$. 由于 $\mathcal{A}$ 只需 $q(n)$ 次常规操作, $|I'| \leqslant q(n)$. 因为求解 I 最多调用 $r(n)$ 次 $\mathcal{B}$, 故 $\mathcal{A}$ 的运行时间不超过

$$q(n) + r(n)p(q(n)),$$

这个函数仍旧是关于 n 的多项式. □

从直观上讲, 定理 9.1 告诉我们: 如果 $\Pi_1 \leqslant_P \Pi_2$, 那么可以说 "Π_2 至少比 Π_1 难", 求解 Π_2 的算法足以强大到让我们能够求解 Π_1. 在本章后面的内容中, 我们将使用定理 9.1 的逆否命题来证明一大类问题不太可能存在多项式时间算法.

推论 9.1

设 Π_1 和 Π_2 是两个计算问题, $\Pi_1 \leqslant_P \Pi_2$. 如果 Π_1 不存在多项式时间算法, 那么 Π_2 也不存在多项式时间算法. □

多项式时间归约的另一个重要性质是其具有传递性.

定理 9.2

设 X、Y 和 Z 是三个计算问题. 若 $X \leqslant_P Y$, $Y \leqslant_P Z$, 则 $X \leqslant_P Z$. □

证明　我们只需证明, 假如有一个能够求解 Z 的假想算法, 那么可以利用这个假想算法来求解 X. 本质上我们只需合成 $X \leqslant_P Y$ 和 $Y \leqslant_P Z$ 这两个条件中所蕴含的多项式时间归约算法. 根据定义, $X \leqslant_P Y$ 表示存在一个求解 X 的算法 $\mathcal{A}$, $\mathcal{A}$ 只需多项式次常规计算以及多项式次以单位费用调用一个求解 Y 的算法, 而 $Y \leqslant_P Z$ 表示存在一个求解 Y 的算法 $\mathcal{B}$, $\mathcal{B}$ 只需多项式次常规计算以及多项式次以单位费用调用一个求解 Z 的算法 $\mathcal{C}$. 因此, 算法 $\mathcal{A}$ 每一次调用 $\mathcal{B}$ 都可以借助调用算法 $\mathcal{C}$ 多项式次来获得正确答案. 由于多项式函数的复合仍然是多项式函数, 因此 $\mathcal{A}$ 只需多项式次常规计算以及多项式次以单位费用调用 $\mathcal{C}$ 来求解 X. □

例 9.3　我们已经看到最大匹配问题可以多项式时间归约到最大流问题, 而最大流问题可以多项式时间归约到最短路问题, 因此最大匹配问题可以多项式时间归约到最短路问题. □

9.2 $\mathcal{P}$ 与 $\mathcal{NP}$ 类

9.2.1 判定形式与最优化形式

在离散优化中, 我们通常需要求解某个问题的最优值. 比如, 独立集问题可以表述成如下形式.

? 问题 9.1 (独立集问题)

输入: 简单无向图 $G = (V, E)$.

问题: 求 G 的最大独立集的大小. □

这种描述问题的形式被称为问题的 **最优化形式**; 然而在计算复杂性理论中, 我们通常将问题描述成如下的 **判定形式**.

? 问题 9.2 (独立集问题)

输入: 简单无向图 $G = (V, E)$ 和正整数 k.

问题: 图 G 是否存在一个大小至少为 k 的独立集? □

最优化形式要求给出问题的最优值, 而判定形式只要求回答 "是" 或 "否". 我们可以证明, 这两种形式在多项式可解意义下是等价的. 首先, 如果存在一个多项式时间算法可以求解最优化形式, 那么这个算法自然就能用来求解判定形式 (只需要将最优值与输入 k 比较即可). 反之, 假设存在一个多项式时间算法 $\mathcal{A}$ 可以求解判定形式. 令 G 为包含 n 个顶点的图, 我们通过对 $k = n, n-1, \ldots, 1$ 调用 $\mathcal{A}$, 得到 "G 是否有大小至少为 k 的独立集" 的答案. 于是一定存在某个 k^* 使得 (G, k^*) 的答案为 "是", 而 (G, k^*+1) 的答案为 "否", 那么 k^* 即 G 的最大独立集的大小. 显然, $\mathcal{A}$ 最多被调用 n 次后便能求得最优值. 上面的论证表明, 最大独立集问题的最优化形式有一个多项式时间算法当且仅当最大独立集问题的判定形式有一个多项式时间算法. 这个等价关系对我们后面要讨论的所有离散优化问题都成立, 因而, 我们之后讨论的所有计算问题都将以判定形式给出.

9.2.2 判定问题

为了给出计算复杂性类 $\mathcal{NP}$ 的定义, 首先需要给出判定问题的形式化定义. 我们通常需要将数学对象编码成 0–1 字符串, 并存储于计算机中. 一个代表问题输入对象的字符串 s 被称为该问题的一个实例; 用 $|s|$ 表示该实例的输入规模, 即 s 中包含的字符个数. 比如给定正整数 n, 通常我们用 n 的二进制表示 s_n 来编码 n, 则输入 n 的规模为 $|s_n| = \lceil \log n \rceil$.

✅ 定义 9.2 (判定问题)

判定问题是那些回答为"是"或"否"的实例的集合 X. X 中的每个字符串被称为"是"实例, 不属于 X 的实例被称为"否"实例.   □

例 9.4 (独立集问题) 判定的独立集问题是所有 (G, k) 的集合, 其中 G 有一个大小至少为 k 的独立集. 为了将输入 (G, k) 存储在计算机中, 需要将其编码成 0–1 字符串. 如下是一种可能的编码方式. 设 $G = (V, E)$, 其中 $V = \{1, 2, \ldots, n\}$.

- 对于 G 的第 i 个顶点, 记 s_i 为 i 的二进制表示, 则可以用字符串 $s_v = s_1 s_2 \ldots s_n$ 表示 G 的所有顶点.

- 另外, 可以用一个有 $\binom{n}{2}$ 位的字符串 $s_e = b_1 b_2 \ldots b_{\binom{n}{2}}$ 来编码 G 的边, 其中 $b_i = 1$ 当且仅当 V 的第 i 个二元子集是 G 的一条边.

- 从而, 字符串 s_v、s_e 以及 k 的二进制表示 s' 的串联 $s_{(G,k)} = s_v s_e s'$ 可以代表 (G, k).

因此, 独立集问题是所有那些回答为"是"的字符串, 即 $IS = \{s_{(G,k)} \mid \alpha(G) \geqslant k\}$. 需要注意的是, 并不是所有的 0–1 字符串都能代表独立集问题的实例, 比如字符串 0000 并不能编码任何独立集问题的实例.   □

❓ 问题 9.3 (整数规划问题)

输入:　　　矩阵 $\boldsymbol{A} \in \mathbb{Z}^{m \times n}$, $\boldsymbol{b} \in \mathbb{Z}^m$.

问题:　　　是否存在 $\boldsymbol{x} \in \mathbb{Z}^n$ 使得 $\boldsymbol{A}\boldsymbol{x} \leqslant \boldsymbol{b}$?   □

例 9.5 **(整数规划问题)** 给定矩阵 $\boldsymbol{A} \in \mathbb{Z}^{m \times n}$ 以及 $\boldsymbol{b} \in \mathbb{Z}^m$, 是否存在 n 维整向量 $\boldsymbol{x} \in \mathbb{Z}^n$ 使得 $\boldsymbol{Ax} \leqslant \boldsymbol{b}$?

任给 $\boldsymbol{A} \in \mathbb{Z}^{m \times n}$ 和 $\boldsymbol{b} \in \mathbb{Z}^m$, 我们可以按如下编码:

- 用 s_{ij} 表示整数 a_{ij} 的二进制表示, 令 $s_{\boldsymbol{A}} = \|_{i,j} s_{ij}$;
- 用 s_i 表示 $\boldsymbol{b}$ 的第 i 个分量的二进制表示, 令 $s_{\boldsymbol{b}} = \|_{1 \leqslant i \leqslant m} s_i$;
- 则 $s_{\boldsymbol{A},\boldsymbol{b}} = s_{\boldsymbol{A}} \| s_{\boldsymbol{b}}$ 可以编码实例 $\boldsymbol{A}, \boldsymbol{b}$.

因此, 整数线性规划 $ILP = \{s_{\boldsymbol{A},\boldsymbol{b}} \mid$ 存在 $\boldsymbol{x} \in \mathbb{Z}^n$ 使得 $\boldsymbol{Ax} \leqslant \boldsymbol{b}\}$. □

✓ 定义 9.3 (算法)

算法 $\mathcal{A}$ 是以某个字符串 s 为输入、返回 "是" 或 "否" 的计算过程, 我们用 $\mathcal{A}(s)$ 来表示输出. 如果对任何字符串 s, $\mathcal{A}(s)$ 为 "是" 当且仅当 $s \in X$, 则我们说 $\mathcal{A}$ 求解了问题 X. 如果存在一个多项式函数 $p(\cdot)$, 使得对每一个输入字符串 s, 算法 $\mathcal{A}$ 会在 $O(p(|s|))$ 时间内输出答案, 则我们说算法 $\mathcal{A}$ 具有多项式运行时间. □

✓ 定义 9.4 ($\mathcal{P}$ 类)

我们用 $\mathcal{P}$ 表示所有具有多项式运行时间算法的判定问题的集合. □

例 9.6 最短路问题、最小生成树问题、最大匹配问题和最大流问题均属于 $\mathcal{P}$. □

9.2.3 $\mathcal{NP}$ 类

✓ 定义 9.5 (有效验证算法)

如果下述性质成立, 那么我们说 $\mathcal{B}$ 是判定问题 X 的一个有效验证算法.

- $\mathcal{B}$ 是有两个输入 s 和 t, 并且输出 $\mathcal{B}(s,t)$ 为 "是" 或 "否" 的多项式时间算法.
- 存在多项式函数 $p(\cdot)$ 使得对任意字符串 s, $s \in X$ 当且仅当存在一个满足 $|t| \leqslant p(|s|)$ 的字符串 t 使得 $\mathcal{B}(s,t)$ 为 "是". □

请注意, 上述定义中的算法 $\mathcal{B}$ 并不是求解 X 的多项式时间算法. 算法 $\mathcal{B}$ 的作用是对 X 的任何一个 "是" 实例 s, 如果有另一个多项式长度的字

符串 t 的帮助, 那么 $\mathcal{B}$ 可以验证 s 确实是 X 的一个 "是" 实例. 定义中的 t 通常被称为证据.

例 9.7 (独立集问题) 给定一个独立集问题的 "是" 实例 $s_{(G,k)}$, 它的证据是一个大小至少为 k 的独立集 S; 我们可以用一个 n 维 0–1 向量 $\boldsymbol{t}_{(G,k)}$ 来编码 S, 其中第 i 个分量是 1 当且仅当顶点 $i \in S$. 验证算法只需要判定, 如果 $\boldsymbol{t}_{(G,k)}$ 的第 i 和第 j 位置为 1, 那么 s_e 中对应于 $\{i,j\}$ 的位为 0 且 $\boldsymbol{t}_{(G,k)}$ 中是 1 的分量个数至少为 k. 显然, 该算法可以在关于图顶点数 n 和边数 m 的多项式时间内完成. □

例 9.8 (适定性问题) 给定一个适定性问题的 "是" 实例 s_Φ, 它的证据是一个适定 Φ 的真值分配 $f : \{x_1, x_2, \ldots, x_n\} \to \{0,1\}$; 这样的真值分配可以用一个 n 维 0–1 向量 $\boldsymbol{t}_\Phi$ 表示, 其中第 i 个分量为 1 当且仅当 $f(x_i) = 1$. 验证算法只需要扫描每个句子 C_j, 并检验 C_j 是否包含某个 f 下的 "真" 文字. 显然, 这个算法可以在关于 n 和 m 的多项式时间内完成. □

例 9.9 (整数规划问题) 给定整数规划问题的 "是" 实例 $s_{\boldsymbol{A},\boldsymbol{b}}$, 它的证据是一个满足 $\boldsymbol{A}\boldsymbol{x} \leqslant \boldsymbol{b}$ 的 n 维整向量 $\boldsymbol{x}$. 我们可以按照编码 $\boldsymbol{b}$ 的类似方式用一个 0–1 字符串 $s_{\boldsymbol{x}}$ 来表示 $\boldsymbol{x}$. 这里我们注意到, 并非所有满足 $\boldsymbol{A}\boldsymbol{x} \leqslant \boldsymbol{b}$ 的向量 $\boldsymbol{x}$ 都使得 $|s_{\boldsymbol{x}}|$ 是 $|s_{\boldsymbol{A},\boldsymbol{b}}|$ 的一个多项式. 但是如果 $\boldsymbol{A}\boldsymbol{x} \leqslant \boldsymbol{b}$ 有解, 那么一定存在一个解 $\boldsymbol{x}$ 使得 $|s_{\boldsymbol{x}}|$ 是 $|s_{\boldsymbol{A},\boldsymbol{b}}|$ 的一个多项式 (这个结论的证明超出了本书范围, 请参见 [22] 中的推论 5.7). 验证算法只需要验证 $\boldsymbol{A}\boldsymbol{x} \leqslant \boldsymbol{b}$, 显然这是一个多项式时间算法. □

✓ 定义 9.6 ($\mathcal{NP}$ 类)

所有具有有效验证算法的判定问题的集合记为 $\mathcal{NP}$. $\mathcal{NP}$ 中的判定问题被称为 $\mathcal{NP}$-问题. □

根据上面的讨论, 独立集问题、适定性问题和整数规划问题都是 $\mathcal{NP}$-问题. 根据 $\mathcal{NP}$ 的定义, 我们能得到如下定理.

定理 9.3

$$\mathcal{P} \subseteq \mathcal{NP}.$$ □

证明 任取 $X \in \mathcal{P}$,则 X 有一个多项式时间算法 $\mathcal{A}$. 下面证明 X 有一个有效验证算法 $\mathcal{B}$. 算法 $\mathcal{B}$ 的流程如下:任给两个字符串 s 和 t,令 $\mathcal{B}(s, t) = \mathcal{A}(s)$,即算法 $\mathcal{B}$ 忽略证据而直接调用 $\mathcal{A}$. 显然,$\mathcal{B}$ 是一个多项式时间算法. 另外,若 $s \in X$,则对任意长度至多为 $p(|s|)$ 的 t 都有 $\mathcal{B}(s, t)$ 为 "是";反之,若 $s \notin X$,则对任意长度至多为 $p(|s|)$ 的 t 都有 $\mathcal{B}(s, t)$ 为 "否". 因此,$\mathcal{B}$ 是 X 的一个有效验证算法. □

定理 9.3 从直观上是容易理解的:如果我们能够在多项式时间内求解一个问题,那么自然就能在多项式时间内验证答案的正确性. 但是,这个命题的逆命题是否成立到目前为止仍然是数学中一个极其困难的未解决问题,这就是著名的 $\mathcal{P} \neq \mathcal{NP}$ 猜想.

9.3 $\mathcal{NP}$-完全问题

由于 $\mathcal{P} \neq \mathcal{NP}$ 猜想极为困难,研究者转向了一个相关但相对容易回答的问题:$\mathcal{NP}$ 中 "最困难" 的问题是什么? 多项式时间归约提供了回答这个问题的工具.

✓ **定义 9.7** ($\mathcal{NP}$-完全问题)

一个判定问题 X 被称为 $\mathcal{NP}$-完全的,如果它满足如下两个条件:

- $X \in \mathcal{NP}$;
- 任何 $Y \in \mathcal{NP}$ 都可以多项式时间归约到 X. □

定理 9.4

令 X 是一个 $\mathcal{NP}$-完全问题,则 X 有多项式时间算法当且仅当 $\mathcal{P} = \mathcal{NP}$. □

证明 显然,若 $\mathcal{P} = \mathcal{NP}$,则 $X \in \mathcal{NP}$ 有多项式时间算法. 反之,假设 X 有多项式时间算法. 因为 X 是一个 $\mathcal{NP}$-完全问题,则对任何 $Y \in$

$\mathcal{NP}$ 有 $Y \leqslant_P X$. 根据定理 9.1, Y 有多项式时间算法, 即 $Y \in \mathcal{P}$. 从而, $\mathcal{NP} \subseteq \mathcal{P}$. 结合定理 9.3, 结论得证. □

尽管 $\mathcal{NP}$-完全问题具有很好的性质, 但是面对这样一个定义, 我们首先需要解决的是这样的问题是否存在? Stephen Cook 和 Leonid Levin 各自独立证明了 $\mathcal{NP}$-完全问题的存在性, 该结果现在被称为 Cook-Levin 定理.

定理 9.5 (Cook-Levin 定理)

适定性问题是 $\mathcal{NP}$-完全的. □

Cook-Levin 定理的严格数学证明需要用到图灵机的概念, 已经超出了本书的范围. 有兴趣的读者可以在 Garey 和 Johnson [13] 或者 Sipser [36] 中找到证明.

9.4 更多的 $\mathcal{NP}$-完全问题

在本节中, 我们将给出更多的 $\mathcal{NP}$-完全问题. 有了第一个 $\mathcal{NP}$-完全问题, 我们可以采用如下策略来证明某个判定问题 X 是 $\mathcal{NP}$-完全的:

- 证明 $X \in \mathcal{NP}$;
- 选择一个已知的 $\mathcal{NP}$-完全问题 Y, 并证明 $Y \leqslant_P X$.

上述策略的可行性是由多项式时间归约的传递性 (定理 9.2) 保证的. 下面我们首先证明一类特殊的适定性问题, 即 3-适定性问题, 它是 $\mathcal{NP}$-完全的; 然后再由 3-适定性问题出发, 我们来证明一些典型的离散优化问题是 $\mathcal{NP}$-完全的.

? 问题 9.4 (3-适定性问题)

输入:　　定义在布尔变量 $x_1, \ldots, x_n$ 上的合取范式 Φ, 其中 Φ 的每个句子都包含恰好 3 个文字.

问题:　　Φ 是否是可适定的? □

定理 9.6

3-适定性问题是 $\mathcal{NP}$-完全的. □

证明 我们注意到 3-适定性问题属于 $\mathcal{NP}$, 下面证明 SAT $\leqslant_P$ 3-SAT. 给定一个适定性问题定义在 $X = \{x_1, x_2, \ldots, x_n\}$ 上的实例 $\Phi = C_1 \wedge C_2 \wedge \cdots \wedge C_m$, 我们构造一个 3-适定性问题的实例 Φ', 使得 Φ 是可适定的当且仅当 Φ' 是可适定的. 由于 3-适定性问题要求每个句子恰好包含 3 个文字, 一个自然的想法是用一些恰好包含 3 个文字的句子替换 Φ 中每个文字数不为 3 的句子 C_j, 并且保证用来替换 C_j 的句子与 C_j 要么都可适定、要么都不可适定. 我们具体做如下替换:

- 若 C_j 只含有 1 个文字 λ, 则引入 2 个新的变量 y_1, y_2, 并用 4 个新的句子 $\lambda \vee y_1 \vee y_2$, $\lambda \vee \overline{y_1} \vee y_2$, $\lambda \vee y_1 \vee \overline{y_2}$ 和 $\lambda \vee \overline{y_1} \vee \overline{y_2}$ 替换 C_j;

- 若 C_j 只含有 2 个文字 λ 和 μ, 则引入 1 个新的变量 y, 并用 2 个新的句子 $\lambda \vee \mu \vee y$ 和 $\lambda \vee \mu \vee \overline{y}$ 替换 C_j;

- 若 C_j 是含有 $k \geqslant 4$ 个文字 $\lambda_1, \ldots, \lambda_k$ 的句子, 则引入 $k-3$ 个新的变量 $y_1, \ldots, y_{k-3}$, 并用 $k-2$ 个新的句子 $\lambda_1 \vee \lambda_2 \vee y_1, \overline{y_1} \vee \lambda_3 \vee y_2, \ldots, \overline{y_{k-3}} \vee \lambda_{k-1} \vee \lambda_k$ 替换 C_j.

请注意, 不同句子引入的新变量是相互不重合的. 若记新变量的集合为 X', 且 $\mathcal{C}_j$ 是替换 C_j 的句子集合, 则

$$\Phi' = \wedge_{j=1}^m \vee_{C \in \mathcal{C}_j} C$$

是定义在 $X \cup X'$ 上的合取范式.

容易验证, C_j 可适定当且仅当 $\mathcal{C}_j$ 中的所有句子均可适定, 故 Φ 是可适定的当且仅当 Φ' 是可适定的. 因为每个句子最多引入 $O(n)$ 个新变量和新句子, $|X'| \leqslant O(mn)$ 且 $|\Phi'| \leqslant O(mn)$. 从而, 从 Φ 到 Φ' 的转换是一个多项式时间归约. □

9.4.1 子集问题

定理 9.7

顶点覆盖问题是 $\mathcal{NP}$-完全的.　　　　　　　　　　　　　□

证明　首先, 顶点覆盖问题是一个 $\mathcal{NP}$-问题: 给定一个顶点覆盖问题的"是"实例 (G,k) 以及 G 的一个大小至多为 k 的顶点覆盖 S, 有效验证算法只需检查 G 的每条边至少与 S 中的一个顶点关联, 且 $|S| \leqslant k$; 这显然可以在多项式时间内完成.

下面, 我们证明 3-适定性问题 $\leqslant_P$ 顶点覆盖问题. 给定 3-适定性问题定义在变量 $X = \{x_1, \ldots, x_n\}$ 上的实例 $\Phi = C_1 \wedge C_2 \wedge \cdots \wedge C_m$, 我们按如下方式将其转换成顶点覆盖问题的实例 (G_Φ, k).

- 任给 $1 \leqslant i \leqslant n$, G_Φ 中有一条边 $v_i\overline{v_i}$ 与变量 x_i 对应; 我们把 v_i 和 $\overline{v_i}$ 称为文字顶点.

- 任给 $1 \leqslant j \leqslant m$, 假设句子 $C_j = \lambda_{i_1}^j \vee \lambda_{i_2}^j \vee \lambda_{i_3}^j$, 其中 $\lambda_{i_k}^j = x_{i_k}$ 或 $\lambda_{i_k}^j = \overline{x_{i_k}}$ $(k = 1, 2, 3)$, 则 G_Φ 中有一个三角形 $T_j = \{v_1^j, v_2^j, v_3^j\}$ 与 C_j 对应. 任给 $1 \leqslant k \leqslant 3$, 若 $\lambda_{i_k}^j = x_{i_k}$, 则将 v_k^j 与 v_{i_k} 连边, 否则将 v_k^j 与 $\overline{v_{i_k}}$ 连边; 我们把 G_Φ 中的这些边称为匹配边.

- 令 $k = n + 2m$.

图 9.1 给出了对应 3-适定性问题实例 $\Phi = (x_1 \vee \overline{x_2} \vee x_3) \wedge (x_2 \vee x_3 \vee \overline{x_4})$ 的顶点覆盖实例 (G_Φ, k). 下面证明 Φ 是可适定的当且仅当 G_Φ 存在一个大小不超过 $k = n + 2m$ 的顶点覆盖.

⊘ 断言 9.1

如果 Φ 是可适定的, 则 G_Φ 有一个大小至多为 k 的顶点覆盖.　□

　　证明　设 $f : X \to \{0,1\}$ 是一个可满足的真值分配, 则 Φ 的每个句子包含一个"真"文字. 我们按如下方式选取 G_Φ 的顶点子集 S:

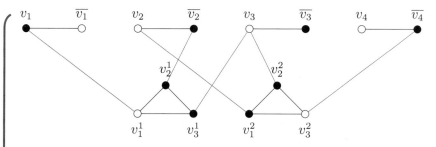

图 9.1 对应 3-适定性问题实例 $\Phi = (x_1 \vee \overline{x_2} \vee x_3) \wedge (x_2 \vee x_3 \vee \overline{x_4})$ 的顶点覆盖问题的实例 $(G_\Phi, 8)$, 其中蓝色代表匹配边. $f(x_1) = 1, f(x_2) = 0, f(x_3) = 0, f(x_4) = 0$ 是一个满足 Φ 的真值分配, 与 f 对应的一个大小为 8 的顶点覆盖为黑色顶点组成的子集 $S = \{v_1, \overline{v_2}, \overline{v_3}, \overline{v_4}, v_2^1, v_3^1, v_1^2, v_2^2\}$.

- 若 $f(x_i) = 1$, 则将 v_i 选入 S 中, 否则将 $\overline{v_i}$ 选入 S 中;
- 由于每个句子 C_j 包含一个 "真" 文字, 与 T_j 关联的三条匹配边至少有一条已被第一步选入 S 中的顶点覆盖, 从而可以选择 T_j 中的两个顶点加入 S 使得剩下的两条与 T_j 关联的匹配边以及 T_j 中的所有边被这两个顶点覆盖.

显然这样选择的顶点子集 S 是 G_Φ 的顶点覆盖, 且 $|S| = n + 2m$ (对图 9.1 中的实例, $f(x_1) = 1, f(x_2) = 0, f(x_3) = 0, f(x_4) = 0$ 是一个满足该实例的真值分配, 与 f 对应的一个大小为 8 的顶点覆盖为 $S = \{v_1, \overline{v_2}, \overline{v_3}, \overline{v_4}, v_2^1, v_3^1, v_1^2, v_2^2\}$). □

⚠ 断言 9.2

如果 G_Φ 有一个大小至多为 k 的顶点覆盖, 则 Φ 是可适定的. □

证明 令 S 是 G_Φ 的顶点覆盖, 且 $|S| \leqslant n + 2m$. 我们注意到, 为了覆盖边 $v_i\overline{v_i}$ $(1 \leqslant i \leqslant n)$, v_i 或 $\overline{v_i}$ 必在 S 中; 类似地, 为了覆盖 T_j $(1 \leqslant j \leqslant m)$ 中的所有边, T_j 中有至少两个顶点在 S 中. 故 $|S| = n + 2m$, 且 $|S \cap \{v_i, \overline{v_i}\}| = 1\,(1 \leqslant i \leqslant n)$, $|S \cap T_j| = 2\,(1 \leqslant j \leqslant m)$. 令 f 是 X 到 $\{0,1\}$ 的一个按如下方式定义的函数:

$$f(x_i) := \begin{cases} 1, & \text{如果 } v_i \in S, \\ 0, & \text{如果 } \overline{v_i} \in S. \end{cases}$$

因为 $|S \cap \{v_i, \overline{v_i}\}| = 1$, f 是 X 的一个真值分配. 因为 $|S \cap T_j| = 2$, $S \cap T_j$ 只能覆盖与 T_j 关联的匹配边中的两条, 从而剩下的与 T_j 关联的匹配边必须由文字顶点覆盖. 根据 f 的定义, 一个文字顶点在 S 中当且仅当它所对应的文字在 f 下取值为 "真". 故 Φ 的每个句子包含一个在 f 下的 "真" 文字, 即 f 满足 Φ. □

最后, 我们注意到 $|G_\Phi| = 2n + 3m$, 故 G_Φ 的输入规模是 n 和 m 的多项式, 从而从 Φ 到 (G_Φ, k) 的转换是一个多项式时间归约. □

利用顶点覆盖问题很容易证明独立集问题和团问题是 $\mathcal{NP}$-完全的.

推论 9.2

独立集问题是 $\mathcal{NP}$-完全的. □

证明　显然, 独立集问题是 $\mathcal{NP}$-问题. 下面证明顶点覆盖问题 $\leqslant_P$ 独立集问题.

给定顶点覆盖的实例 (G, k), 令 $(G, |G| - k)$ 为与之对应的独立集问题的实例. 给定 $S \subseteq V(G)$, 显然 S 是 G 的顶点覆盖当且仅当 $V(G) - S$ 是 G 的独立集.

因此, G 有一个大小至多为 k 的顶点覆盖当且仅当 G 有一个大小至少为 $|G| - k$ 的独立集. □

❓ 问题 9.5 (团问题)

输入:　　简单无向图 $G = (V, E)$ 和正整数 k.

问题:　　图 G 是否存在一个大小至少为 k 的团? □

推论 9.3

团问题是 $\mathcal{NP}$-完全的. □

证明   显然, 团问题是 $\mathcal{NP}$-问题. 下面证明独立集问题 $\leqslant_P$ 团问题. 给定独立集问题的实例 (G, k), 令 $(\overline{G}, k)$ 为与之对应的团问题的实例. 给定 $S \subseteq V(G)$, 显然 S 是 G 的独立集当且仅当 S 是 $\overline{G}$ 的团. 因此, G 有一个大小至少为 k 的独立集当且仅当 $\overline{G}$ 有一个大小至少为 k 的团.   □

9.4.2 序列问题

图中包含所有顶点的圈, 称为 Hamilton 圈.

? **问题 9.6** (Hamilton 圈问题)

输入: 简单无向图 $G = (V, E)$.

问题: 图 G 是否存在 Hamilton 圈?   □

定理 9.8

Hamilton 圈问题是 $\mathcal{NP}$-完全的.   □

证明   首先, Hamilton 圈问题是一个 $\mathcal{NP}$-问题. 给定一个 Hamilton 圈问题的 "是" 实例 G 以及 G 的一个 Hamilton 圈 $v_1, v_2, \ldots, v_n, v_1$, 有效验证算法只需检查 $v_n v_1 \in E(G)$ 以及 $v_i v_{i+1} \in E(G)$ $(i = 1, 2, \ldots, n-1)$; 这显然可以在多项式时间内完成.

下面, 我们证明 3-适定性问题 $\leqslant_P$ Hamilton 圈问题. 给定 3-适定性问题的定义在变量 $X = \{x_1, \ldots, x_n\}$ 上的实例 $\Phi = C_1 \wedge C_2 \wedge \cdots \wedge C_m$, 我们按如下方式将其转换成 Hamilton 圈问题的实例 G, 使得 Φ 是可适定的当且仅当 G 有一个 Hamilton 圈.

首先, 我们定义 G 的两个子图. 考虑图 9.2 中的子图 A: A 中除了 u, u', v, v' 之外, 没有顶点与 G 的其他边关联. 容易验证 G 的任何 Hamilton 圈必定以图 9.4 中所示的两种方式之一经过 A 的所有顶点. 因此可用两条边 uu' 和 vv' 来替换 A, 并且规定 G 的任何 Hamilton 圈必须经过且仅经过其中的一条边 (图 9.3).

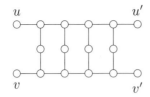

图 9.2 子图 A.

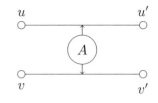

图 9.3 子图 A 的简化表示.

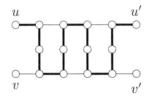

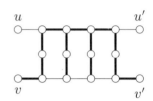

图 9.4 两种遍历 A 中所有顶点的方式.

现在考虑图 9.5 中的子图 B: B 中除了 u, u' 外, 没有顶点与 G 的其他边关联. 容易验证 G 的任何 Hamilton 圈不可能同时经过 e_1, e_2, e_3, 并且对于任何 $\{e_1, e_2, e_3\}$ 的真子集 S, 存在 B 的一条以 u 和 u' 为端点的 Hamilton 路经过且仅经过 S 中的边. 我们用图 9.6 来简化表示 B.

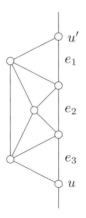

图 9.5 子图 B.

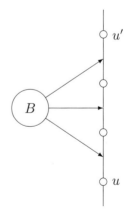

图 9.6 子图 B 的简化表示.

现在我们来解释 G 是如何构造的.

- 任给 $1 \leqslant i \leqslant m$, G 中有一个子图 B 与 C_j 对应, 并且将所有这些对应句子的子图 B 串联起来.

- 任给 $1 \leqslant i \leqslant n$, G 中有两条边 e_i 和 $\overline{e_i}$ 与变量 x_i 对应——分别代表文字 x_i 和 $\overline{x_i}$, 这两条边的端点为 v_i 和 u_i. 将所有这些对应变量的顶点串联起来.

- 把对应 C_j 的子图 B 中的边 e_1, e_2, e_3, 均通过一个子图 A 连接到与之对应的句子中的三个文字所对应的边上, 把这些 A 称作属于 C_j 的. 这样的操作是顺序进行的: 每当在对应于某个文字的一条边 $e = \{u, v\}$ 上连接一个 A 结构, 就把图 9.2 中与 u 关联的边等同于 e, 这条边就成为了对应该文字的边.

图 9.7 中给出了对应 3-适定性问题实例 $(x_1 \vee \overline{x_2} \vee \overline{x_3}) \wedge (\overline{x_1} \vee x_2 \vee \overline{x_3}) \wedge (\overline{x_1} \vee \overline{x_2} \vee x_3)$ 的 Hamilton 问题的实例 G. 下面证明 Φ 是可适定的当且仅当 G 有一个 Hamilton 圈.

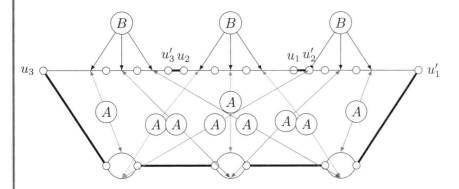

图 9.7 对应实例 $\Phi = (x_1 \vee \overline{x_2} \vee \overline{x_3}) \wedge (\overline{x_1} \vee x_2 \vee \overline{x_3}) \wedge (\overline{x_1} \vee \overline{x_2} \vee x_3)$ 的 Hamilton 问题的实例 G. 红色、棕色和蓝色分别代表属于 C_1, C_2, C_3 的子图 A.

ⓘ **断言 9.3**

若 Φ 是可适定的, 则 G 存在 Hamilton 圈.   □

证明 设 $f : X \to \{0,1\}$ 是一个可满足的真值分配, 则 Φ 的每个句子包含一个 "真" 文字. 按如下方式构造 G 的 Hamilton 圈 H:

- 若 $f(x_i) = 1$, 则 H 经过 e_i, 否则 H 经过 $\overline{e_i}$. 由 A 的性质可知, H 经过某条边 f 表示, H 会经过所有属于那些包含与 f 对应的文字的句子的 A 中所有顶点.
- 由于每个句子 C_j 包含一个 "真" 文字, 至少有一个属于 C_j 的子图 A 已被第一步所定义的 H 遍历. 根据 B 的性质, 可以选择适当的路径, 使得 H 经过对应 C_j 的子图 B 的所有剩余顶点.

因此, 这样定义的 H 是 G 中的 Hamilton 圈.   □

ⓘ **断言 9.4**

若 G 存在 Hamilton 圈, 则 Φ 是可适定的.   □

证明 设 H 是 G 的一个 Hamilton 圈. 根据 G 的构造, H 要么经过 e_i, 要么经过 $\overline{e_i}$, $i = 1, 2, \ldots, n$. 因而, 可以定义 X 的如下真值分配:

$$f(x_i) := \begin{cases} 1, & \text{若 } H \text{ 经过 } e_i, \\ 0, & \text{若 } H \text{ 经过 } \overline{e_i}. \end{cases}$$

根据 B 的性质, 三个属于 C_j 的 A 不可能同时在经过 B 的时候被遍历. 因此, 至少有一个属于 C_j 的 A 在经过对应文字的边的时候被遍历. 而 H 经过一条对应文字的边当且仅当该边对应的文字在 f 下是 "真" 文字. 所以, 每个句子包含一个 "真" 文字, 即 f 满足 Φ.   □

最后, 我们注意到, G 的输入规模是关于 n 和 m 的线性函数, 从而从 Φ 到 G 的转换是多项式时间归约. 定理得证.   □

❓ 问题 9.7 (旅行售货商问题)

输入:　　　给定边上赋权 $c: E(K_n) \to \mathbb{R}^+$ 的完全图 K_n 以及实数 K.

问题:　　　图 K_n 是否存在 Hamilton 圈的费用不超过 K?　　　　　□

推论 9.4

旅行售货商问题是 $\mathcal{NP}$-完全的.　　　　　　　　　　　　　　□

证明　显然, 旅行售货商问题是 $\mathcal{NP}$-问题. 下面证明 Hamilton 问题 $\leqslant_P$ 旅行售货商问题. 给定 Hamilton 问题的实例 G, 我们构造如下旅行售货商问题的实例 (G', c, K):

$$c(\{u, v\}) := \begin{cases} 1, & \text{如果 } \{u, v\} \in E(G), \\ 2, & \text{如果 } \{u, v\} \notin E(G). \end{cases}$$

令 $K := |G|$. 由于 G' 中每条边的费用至少是 1, 故 G' 中任何 Hamilton 圈的费用至少为 $|G|$. 从而, 任何 G' 的费用不超过 $|G|$ 的 Hamilton 圈不能经过任何费用为 2 的边. 所以, G' 有一个费用至多为 $|G|$ 的 Hamilton 圈当且仅当 G 有 Hamilton 圈.　　　　　　　　□

9.4.3 染色问题

给定正整数 k, 图 $G = (V(G), E(G))$, G 的一个 k-染色是一个函数 $f: V(G) \to \{1, 2, \ldots, k\}$, 使得对任何 $uv \in E(G)$ 都满足 $f(u) \neq f(v)$. 如果 G 有一个 k-染色, 则 G 称为 k-可染的. 图 G 的色数, 用 $\chi(G)$ 来表示, 是使得 G 是 k-可染的最小正整数 k.

❓ 问题 9.8 (k-染色问题)

输入:　　　给定简单无向图 G.

问题:　　　图 G 是否存在 k-染色?　　　　　　　　　　　　□

我们可以看到, 2-染色问题等价于判定一个图 G 是否是二部图, 这个问题存在一个 $O(n + m)$ 的算法. 但当 $k \geqslant 3$ 时, 这个问题目前还没有找到多项式时间算法. 事实上, 这个问题是 $\mathcal{NP}$-完全的.

定理 9.9

3-染色问题是 $\mathcal{NP}$-完全的. ☐

证明　首先, 3-染色问题是 $\mathcal{NP}$-问题: 给定一个 "是" 实例 G 以及 G 的一个 3-染色 f, 检验算法只需要验证对 G 的任意一条边 $e = uv$, 都有 $f(u) \neq f(v)$. 显然, 这可以在多项式时间内完成.

下面, 证明 3-适定性问题 $\leqslant_P$ 3-染色问题. 给定 3-适定性问题定义在变量 $X = \{x_1, \ldots, x_n\}$ 上的实例 $\Phi = C_1 \wedge C_2 \wedge \cdots \wedge C_m$, 我们按如下方式将其转换成 3-染色问题的实例 G.

- 首先, G 中包含一个三角形 $K = \{T, F, B\}$.

- 对每个变量 x_i, G 中有两个顶点 v_i 和 $\overline{v_i}$ 分别对应 x_i 和 $\overline{x_i}$, 我们把 v_i 和 $\overline{v_i}$ 称为文字顶点; 并且 $v_i, \overline{v_i}, B$ 是 G 的一个三角形.

- 对每个 Φ 的句子 $C_j = \lambda_{i_1}^j \vee \lambda_{i_2}^j \vee \lambda_{i_3}^j$, 其中 $\lambda_{i_k}^j = x_{i_k}$ 或者 $\lambda_{i_k}^j = \overline{x_{i_k}} \, (k = 1, 2, 3)$, 图 G 中有一个图 9.8 中的子图 H_j 与之对应; 文字顶点 $u_{i_k}^j \, (k = 1, 2, 3)$ 被称为属于 H_j. 对应不同句子的子图中的灰色顶点是互不相同的.

在任意 G 的 3-染色中, 我们用 b, t, f 表示三种不同的颜色. 容易验证 H_j 有如下性质.

(!) 断言 9.5

设 T 和 F 的颜色分别为 t 和 f. 则

- 不存在 H_j 的 3-染色使得 H_j 的所有三个文字顶点的颜色都为 f.

- 对每个 H_j 的文字顶点 u_{i_k}, 存在 H_j 的 3-染色使得 u_{i_k} 的颜色为 t. ☐

下面我们证明 Φ 是可适定的当且仅当 G 是 3-可染的.

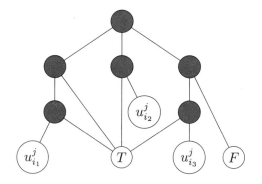

图 9.8 对应句子 $C_j = \lambda^j_{i_1} \vee \lambda^j_{i_2} \vee \lambda^j_{i_3}$, 其中 $\lambda^j_{i_k} = x_{i_k}$ 或 $\lambda^j_{i_k} = \overline{x_{i_k}}(k=1,2,3)$的子图 H_j; 若 $\lambda^j_k = x_{i_k}$, 则 $u^j_{i_k} = v_{i_k}$; 若 $\lambda^j_k = \overline{x_{i_k}}$, 则 $u^j_{i_k} = \overline{v_{i_k}}$. 比如, 若 $C_j = x_1 \vee \overline{x_2} \vee x_3$, 则 $u^j_{i_1} = v_1$, $u^j_{i_2} = \overline{v_2}$, $u^j_{i_3} = v_3$.

ⓘ 断言 9.6

若 Φ 是可适定的, 则 G 是 3-可染的.　　　　　　　　□

证明　设 $\sigma : X \to \{0,1\}$ 是一个可满足的真值分配, 则 Φ 的每个句子包含一个"真"文字. 我们按如下方式给出 G 的一个 3-染色 $c : V(G) \to \{b,t,f\}$:

- 令 $c(B) = b$, $c(T) = t$, $c(F) = f$;
- 若 $\sigma(x_i) = 1$, 令 $c(v_i) = t$, $c(\overline{v_i}) = f$; 若 $\sigma(x_i) = 0$, 令 $c(v_i) = f$, $c(\overline{v_i}) = t$;
- 因为每个句子 C_j 包含一个"真"文字, 所以 H_j 中至少有一个文字顶点在 c 下的颜色为 t. 根据断言 9.5, 我们可以将文字顶点以及 K 的染色扩展到每个 H_j, 故 G 是 3-可染的.　　　　　　　　□

ⓘ 断言 9.7

若 G 是 3-可染的, 则 Φ 是可适定的.　　　　　　　　□

证明　令 $c : V(G) \to \{b,t,f\}$ 是 G 的一个 3-染色. 因为 K 是一个三角形, 故 T,F,B 用到了所有的三种颜色 b,t,f. 通过颜色的置换, 我们不妨假设 $c(B) = b, c(T) = t, c(F) = f$, 从而对 $1 \leqslant i \leqslant n$,

有 $\{c(v_i), c(\overline{v_i})\} = \{t, f\}$. 令 σ 是 X 到 $\{0,1\}$ 的一个按如下方式定义的函数:

$$\sigma(x_i) := \begin{cases} 1, & \text{如果 } c(v_i) = t, \\ 0, & \text{如果 } c(v_i) = f. \end{cases}$$

显然, σ 是 X 的真值分配. 根据断言 9.5, 每个 H_j 中至少有一个文字顶点在 c 下的颜色为 t. 根据 σ 的定义, 一个文字顶点颜色为 t 当且仅当该顶点对应的文字在 σ 下为"真". 这表明每个句子 C_j 包含一个"真"文字, 即 σ 满足 Φ. □

最后, $|G|$ 是关于 n 和 m 的线性函数, 所以, 从 Φ 到 G 的转化是一个多项式时间归约. □

推论 9.5

当 $k \geqslant 4$ 时, k-染色问题是 $\mathcal{NP}$-完全的. □

证明 显然, k-染色问题是 $\mathcal{NP}$-问题. 下面, 证明 3-染色问题 $\leqslant_P k$-染色问题. 给定 3-染色问题的实例 G, 令 G' 是由 G 添加 $k - 3$ 个支配点后所得的图. 我们注意到, 在 G' 的任何染色中, 新添加的任意顶点必须使用一个单独的颜色. 从而, G' 是 k-可染的当且仅当 G 是 3-可染的. 显然, 从 G 到 G' 的转化只需多项式时间. □

9.4.4 数值问题

? 问题 9.9 (子集和问题)

输入:　　给定正整数 $S = \{w_1, w_2, \dots, w_n\}$ 和目标正整数 W.

问题:　　是否存在 $\{w_1, w_2, \dots, w_n\}$ 的子集使得该子集中所有元素的和恰好为 W? □

定理 9.10

子集和问题是 $\mathcal{NP}$-完全的.　　　　　　　　　　　　　　□

证明　首先, 子集和问题是 $\mathcal{NP}$-问题: 给定一个该问题的 "是" 实例 w_1, $w_2, \ldots, w_n$ 和 W, 该实例的证据为 $\{w_1, w_2, \ldots, w_n\}$ 的子集 $\{w_{i_1}, w_{i_2}, \ldots, w_{i_k}\}$, 使得 $\sum_{s=1}^{k} w_{i_s} = W$. 显然, 我们可以在多项式时间内计算 $\sum_{s=1}^{k} w_{i_s}$, 并判定该求和是否等于 W.

下面, 证明 3-适定性问题 $\leqslant_P$ 子集和问题. 给定 3-适定性问题定义在变量 $X = \{x_1, \ldots, x_n\}$ 上的实例 $\Phi = C_1 \wedge C_2 \wedge \cdots \wedge C_m$, 我们可以假设任何 C_j 都不能同时包含 x_i 和 $\overline{x_i}$ (这是因为这样的句子在任何真值分配下都是适定的, 故移除该句子不会影响适定性). 类似地, 我们可以假设每个变量 x_i 或 $\overline{x_i}$ 都出现在某个句子中 (否则可以将 x_i 从 X 中移除). 现在, 我们按如下方式将 Φ 转换成子集和问题的实例 (S, W), 其中 S 中的数均为 $n + m$ 位的, 前 n 位对应变量 $x_1, x_2, \ldots, x_n$, 而后 m 位对应句子 $C_1, C_2, \ldots, C_m$.

- S 中包含两个数字 v_i 和 v_i' 分别对应于 x_i 与 $\overline{x_i}$; v_i 和 v_i' 在对应于 x_i 的位上为 1, 对应其余变量的位上为 0; 而且在对应句子 C_j 的位上是 1 当且仅当它们对应的文字出现在 C_j 中.

- S 中包含两个数字 s_j 和 s_j' 对应句子 C_j; s_j 和 s_j' 在对应变量的位上为 0; 对应于 C_j 位上的数分别为 1 和 2, 而对应于其他句子位上的数为 0.

- 目标数 $W = 11 \ldots 144 \ldots 4$.

图 9.9 给出了对应 3-适定性问题实例

$$\Phi = (x_1 \vee \overline{x_2} \vee x_3) \wedge (\overline{x_1} \vee \overline{x_2} \vee \overline{x_3}) \wedge (\overline{x_1} \vee \overline{x_2} \vee x_3) \wedge (x_1 \vee x_2 \vee x_3)$$

		x_1	x_2	x_3	C_1	C_2	C_3	C_4
v_1	=	1	0	0	1	0	0	1
v_1'	=	1	0	0	0	1	1	0
v_2	=	0	1	0	0	0	0	0
v_2'	=	0	1	0	1	1	1	0
v_3	=	0	0	1	0	0	1	1
v_3'	=	0	0	1	1	1	0	0
s_1	=	0	0	0	1	0	0	0
s_1'	=	0	0	0	2	0	0	0
s_2	=	0	0	0	0	1	0	0
s_2'	=	0	0	0	0	2	0	0
s_3	=	0	0	0	0	0	1	0
s_3'	=	0	0	0	0	0	2	0
s_4	=	0	0	0	0	0	0	1
s_4'	=	0	0	0	0	0	0	2
W	=	1	1	1	4	4	4	4

图 9.9 3-适定性问题到子集和问题的归约. 对应于 3-适定性问题实例

$$\Phi = (x_1 \vee \overline{x_2} \vee x_3) \wedge (\overline{x_1} \vee \overline{x_2} \vee \overline{x_3}) \wedge (\overline{x_1} \vee \overline{x_2} \vee x_3) \wedge (x_1 \vee x_2 \vee x_3)$$

的子集和问题的实例 $S = \{1001001, 1000110, 100001, 101110, 10011, 11100, 1000, 2000, 100, 200,$ $10, 20, 1, 2\}$ (S 中的数字是图中由上到下列出的) 以及目标值 $W = 1114444$. S 中粉色数字的和恰好 为 W, 其中 v_1', v_2', v_3 对应 Φ 的一个真值分配 f: $f(x_1) = 0$, $f(x_2) = 0$, $f(x_3) = 1$; 而 $s_1, s_1', s_2',$ s_3, s_4, s_4' 使得对应句子的位上这些数字和恰好为 4.

的子集和问题的实例 (S, W), 其中

$$S = \{1001001, 1000110, 100001, 101110, 10011,$$

$$11100, 1000, 2000, 100, 200, 10, 20, 1, 2\},$$

$$W = 1114444.$$

下面证明 Φ 可适定当且仅当存在 S 的子集 S' 使得 $\sum_{s \in S'} s = W$.

⚠ 断言 9.8

如果 Φ 是可适定的, 则存在 S 的子集 S' 使得 $\sum_{s \in S'} s = W$. ☐

证明 设 $f : X \to \{0, 1\}$ 是一个可满足的真值分配, 则 Φ 的每个 句子包含一个 "真" 文字. 我们按如下方式选取 S':

- 若 $f(x_i) = 1$, 则将 v_i 添加到 S' 中, 否则将 v_i' 添加 到 S' 中;

- 由于每个句子 C_j 包含一个 "真" 文字, 故在第一步所

选出的数字在对应 C_j 位上的贡献至少为 1; 从而, 我们可以适当选择 $\{s_j, s_j'\}$ 的真子集添加到 S', 使得 S' 中所有数字在对应 C_j 的位上的和恰好为 4.

显然, 这样选择的子集 S' 满足 $\sum_{s \in S'} s = W$. □

ⓘ 断言 9.9

如果存在 S 的子集 S' 使得 $\sum_{s \in S'} s = W$, 则 Φ 是可适定的. □

证明　假设 $S' \subseteq S$ 使得 $\sum_{s \in S'} s = W$. 因为 S' 中所有数字在对应 x_i 的位上和为 1, 故 v_i 和 $\overline{v_i}$ 有且仅有一个在 S' 中. 故按如下方式定义的 $f : X \to \{0,1\}$ 是 X 的一个真值分配:
$$f(x_i) := \begin{cases} 1, & \text{如果 } v_i \in S', \\ 0, & \text{如果 } \overline{v_i} \in S'. \end{cases}$$

现在考虑对应 C_j 的位. 因为 S 中只有 s_j 和 s_j' 在 C_j 位上非零, 并且这两个数字在该位上的和至多为 3, 故 S' 中必定包含某个对应文字的数字 v_i 或者 $\overline{v_i}$ 在该位上的值为 1. 根据 S 的定义, 如果 $v_i \in S'$, 这表明 C_j 包含 x_i; 如果 $\overline{v_i} \in S'$, 这表明 C_j 包含 $\overline{x_i}$. 无论是哪种情况, f 的定义表明 C_j 包含一个 "真" 文字, 即 f 适定 Φ. □

最后, 我们注意到 S 中有 $2n+2m$ 个正整数且每个数字为 $n+m$ 位, 故从 Φ 到 (S, W) 的转化是一个多项式时间归约. □

❓ 问题 9.10 (背包问题)

输入:　　n 个物品 $1, 2, \ldots, n$, 其中第 i 个物品重量为 w_i, 价值为 v_i; 正整数 W 和 V.

问题:　　是否存在 $\{1, 2, \ldots, n\}$ 的子集 S, 使得
$$\sum_{i \in S} w_i \leqslant W \quad \text{且} \quad \sum_{i \in S} v_i \geqslant V?$$
□

推论 9.6

背包问题是 $\mathcal{NP}$-完全的.   □

证明 显然, 背包问题是 $\mathcal{NP}$-问题. 下面证明子集和问题 $\leqslant_P$ 背包问题. 给定子集和问题实例 $(\{w_1, w_2, \ldots, w_n\}, W')$, 我们按如下方式转换成背包问题的实例 I:

- 令第 i 个物品的重量和价值均为 w_i;
- 令 $W = V = W'$.

我们观察到, 若 I 是一个"是"实例, 则存在 $S \subseteq \{1, 2, \ldots, n\}$ 使得 $\sum_{i \in S} w_i \leqslant W'$ 且 $\sum_{i \in S} w_i \geqslant W'$, 从而 $\sum_{i \in S} w_i = W'$. 故 $(\{w_1, w_2, \ldots, w_n\}, W')$ 是子集和问题的"是"实例当且仅当 I 是背包问题的"是"实例. 显然, 从 $(\{w_1, w_2, \ldots, w_n\}, W')$ 到 I 是多项式时间归约.   □

9.5 拓展阅读

复杂性类 $\mathcal{P}$ 于 1965 年在 Edmonds [11] 中提出. 另外, Edmonds [11] 猜想旅行售货商问题不存在多项式时间算法, 即 $\mathcal{P} \neq \mathcal{NP}$ 猜想. $\mathcal{NP}$-完全性的概念是 1971 年在 Cook [6] 中提出的: Cook 证明了第一个 $\mathcal{NP}$-完全问题, 即适定性问题. 1973 年, Levin [24] 独立提出了 $\mathcal{NP}$-完全性概念, 并证明了铺砖问题是 $\mathcal{NP}$-完全的. 1972 年, Karp [18] 证明了 21 个离散优化领域中的经典问题是 $\mathcal{NP}$-完全的, 其中包含了顶点覆盖问题、团问题、Hamilton 问题、图染色问题、子集和问题等问题的 $\mathcal{NP}$-完全性证明. 自那以后, 成千上百的问题被证明是 $\mathcal{NP}$-完全的. 在 1995 年庆祝 Karp 60 岁生日的学术会议上, Papadimitriou 曾说"每年大约有 6000 篇论文在题目、摘要以及关键字中出现了 $\mathcal{NP}$-完全这个术语", 比"编译器"、"数据库"、"专家"、"神经网络"或者"操作系统"都要多.

1979 年, Garey 和 Johnson 的 *Computers and Intractability: A Guide to the Theory of NP-Completeness* [13] 详细阐述了 $\mathcal{NP}$-完全性理论并为当时已知的 $\mathcal{NP}$-完全问题进行了分类. Johnson 于 1981 至 1992 年间在 *Journal of Algorithms* 期刊上发表了 23 篇关于 $\mathcal{NP}$-完全性理论最新进展的系列论文. 其他介绍 $\mathcal{NP}$-完全性理论的优秀教材和专著包括:

(1) Tardos 和 Kleinberg 的 *Algorithm Design* [38];

(2) Cormen、Leiserson、Rivest 和 Stein 的 *Introduction to Algorithms* [8];

(3) Korte 和 Vygen 的 *Combinatorial Optimization: Theory and Algorithms* [22];

(4) Papadimitriou 和 Steiglitz 的 *Combinatorial Optimization: Algorithms and Complexity* [31].

基础练习　1.　数独是风靡世界的益智游戏. 玩家需要根据 9×9 盘面上的已知数字, 推理出所有剩余空格的数字, 并满足每一行、每一列、每一个粗线宫 (3×3) 内的数字均含 1–9 这 9 个数字. 证明: 数独 $\leqslant_P$ 9-染色问题.

2.　八皇后问题: 能否在 8×8 的国际象棋上摆放 8 个皇后, 使其不能互相攻击, 即任意两个皇后都不能处于同一行、同一列或同一斜线上. 证明: 八皇后问题 $\leqslant_P$ 独立集问题.

3.　二部图 $G = (X, Y, E)$ 称作是 X-凸的, 如果顶点子集 Y 中存在一个线性排序 $y_1, y_2, \ldots, y_n$ 使得对任意的 $x \in X$, $N_G(x)$ 是一个连续区间 $\{y_i, y_{i+1}, \ldots, y_j\}$, 其中 $i \leqslant j$. 二部图 $G = (X, Y)$ 称作凸二部图, 如果 G 是 X-凸的或者是 Y-凸的.

　　图 $G = (V, E)$ 是一个区间图, 如果 G 的每个顶点 v 能够和实数轴上的某个区间 I_v 对应, 使得任给 $u, v \in V$, $uv \in E$ 当且仅当 $I_u \cap I_v \neq \emptyset$.

　　证明: 凸二部图上的 Hamilton 圈问题 $\leqslant_P$ 区间图上的 Hamilton 圈问题.

4.　证明: 适定性问题 $\leqslant_P$ 整数规划问题.

5.　若已知 $X \leqslant Y$ 并且 X 有多项式时间算法, 能否推出 Y 有多项式时间算法? 给出理由.

6.　在整数规划问题中, 满足 $Ax \leqslant b$ 的 x 不一定是关于输入规模的多项式, 请给出例子.

7. 最大割问题: 求给定图 G 的一个顶点划分 (V_1, V_2) 使得 $E[V_1, V_2]$ 最大. 写出最大割问题的判定形式.

8. 证明: 如果存在一个多项式时间算法能够计算任何图 G 的独立数, 那么也存在多项式时间算法求出 G 的最大独立集.

9. 证明: 判定问题 "给定自然数 n (假定 n 是用二进制编码的), 是否存在素数 p 使得 $n = p^p$?" 是 $\mathcal{NP}$-问题.

10. 三维匹配问题是如下的判定问题.

> **?** **问题 9.11** (三维匹配问题)
>
> 输入:　　3 个大小为 n 的互不相交的集合 X, Y, Z 及 $T \subseteq X \times Y \times Z$.
>
> 问题:　　是否存在 T 中 n 个有序三元组, 使得每个 $X \cup Y \cup Z$ 中的元素恰好出现在一个有序三元组中?　　□

证明: 三维匹配问题是 $\mathcal{NP}$-问题.

11. 证明: 最大割问题是 $\mathcal{NP}$-问题.

提升练习　1. 超图 H 是一个二元组 (V, E), 其中 V 是有限集, 而 E 是 V 的子集构成的集族. 超图 $H = (V, E)$ 的碰撞集 (hitting set) 是一个顶点子集 $S \subseteq V$, 使得对任意的 $e \in E$, 都有 $S \cap e \neq \emptyset$.

> **?** **问题 9.12** (碰撞集问题)
>
> 输入:　　给定超图 $H = (V, E)$ 和一个正整数 k.
>
> 问题:　　是否存在 H 的碰撞集 S 使得 $|S| \leqslant k$?　　□

证明: 碰撞集问题是 $\mathcal{NP}$-完全的.

2. 给定图 $G = (V, E)$, 称 $S \subseteq V$ 是图 G 的控制集, 如果任意不在 S 中的顶点在 S 中有至少一个邻点. 控制集问题是指求出 G 中的最小控制集, 即顶点个数最少的控制集. 这个问题的判定形式如下所述.

> **?** **问题 9.13** (控制集问题)
>
> 输入:　　给定无向图 $G = (V, E)$ 和正整数 k.
>
> 问题:　　是否存在 G 的控制集 S 使得 $|S| \leqslant k$?　　□

证明: 控制集问题是 $\mathcal{NP}$-完全的.

3. 考虑如下子图同构问题.

> **?** **问题 9.14** (子图同构问题)
>
> 输入:　　给定两个无向图 G_1 和 G_2.
>
> 问题:　　图 G_1 和图 G_2 是否同构?　　□

证明: 子图同构问题是 $\mathcal{NP}$-完全的.

4. 图中经过所有顶点的路称为该图的 Hamilton 路.

> **? 问题 9.15 (Hamilton 路问题)**
>
> 输入: 给定无向图 $G = (V, E)$.
>
> 问题: 是否存在 G 的一条 Hamilton 路? □

证明: Hamilton 路问题是 $\mathcal{NP}$-完全的.

5. 证明: Hamilton 圈问题在二部图上是 $\mathcal{NP}$-完全的.

6. 证明: 3-染色问题在最大度为 4 的图上是 $\mathcal{NP}$-完全的.

7. 超图 $H = (V, E)$ 的 k-染色是指一个函数 $f : V \to \{1, 2, \ldots, k\}$ 使得任何超边都不是单色的.

> **? 问题 9.16 (超图 2-染色问题)**
>
> 输入: 给定超图 $H = (V, E)$.
>
> 问题: 是否存在 H 的正常 2-染色? □

证明: 超图 2-染色问题是 $\mathcal{NP}$-完全的.

8. 考虑如下判定问题.

> **? 问题 9.17 (集合划分问题)**
>
> 输入: 给定整数集合 S.
>
> 问题: 是否能够将 S 划分成两个子集 A 和 A', 使得
>
> $$\sum_{x \in A} x = \sum_{x \in A'} x?$$ □

证明: 集合划分 (set-partition) 问题是 $\mathcal{NP}$-完全的.

9. 考虑如下排序问题.

> **? 问题 9.18 (排序问题)**
>
> 输入: 给定一台机器和 n 个工件 $\{1, 2, \ldots, n\}$, 其中第 i 个工件的开工时间为 s_i, 完工时间为 d_i, 加工时长为 t_i, 其中 s_i, d_i, t_i 均为正整数.
>
> 问题: 是否能够在机器上安排这些工件, 使得每个工件都在 $[s_i, d_i]$ 内安排并完成加工? □

证明: 排序问题是 $\mathcal{NP}$-完全的. (提示: 通过子集和问题来归约.)

实践练习　　尝试用动态规划设计背包问题的一个 $O(nW)$ 时间的算法. 这个算法是否是多项式时间算法? 给出理由.

第 10 章

近似算法

〈内容提要〉　　近似算法　近似比　顶点覆盖　旅行售货商问题　Steiner 树问题　背包问题

在上一章中, 我们看到许多经典的离散优化问题是 $\mathcal{NP}$-完全的, 这意味着不太可能存在多项式时间算法求得这些问题的最优解. 另一方面, 许多这样的问题在实际生产和生活中需要进行快速求解. 一个自然的问题是: 我们如何来求解这些 $\mathcal{NP}$-完全问题以满足社会和经济发展的需要呢?

在本章中, 我们将介绍一种求解 $\mathcal{NP}$-完全问题的通用方法 —— 近似算法. 笼统地说, 近似算法是指能够在多项式时间内找到与最优解"接近"的解的算法. 由于我们不再要求找到问题的最优解, 因而设计多项式时间的算法便成为可能. 这里的关键是证明算法给出的解与最优解"相差不远", 我们用近似比来衡量算法返回的解与最优解的差距.

⊘ 定义 10.1 (近似比)

设 Π 是最小化问题. 我们称算法 $\mathcal{A}$ 是 Π 的 k-近似算法, 如果对于 Π 的任意实例 I, $\mathcal{A}$ 能够在多项式时间内返回 I 的一个解, 且

$$\mathcal{A}(I) \leqslant k \operatorname{OPT}(I),$$

其中 $\mathcal{A}(I)$ 是算法 $\mathcal{A}$ 求得的解的目标函数值, 而 $\operatorname{OPT}(I)$ 是实例 I 的最优目标函数值. 整数 k 称为算法 $\mathcal{A}$ 的近似比.

类似地, 如果 Π 是最大化问题, 则算法 $\mathcal{A}$ 是 Π 的 k-近似算法, 如果对于 Π 的任意实例 I, $\mathcal{A}$ 能够在多项式时间内返回 I 的一个解, 且

$$\mathcal{A}(I) \geqslant \frac{1}{k} \operatorname{OPT}(I). \qquad \square$$

直观来说, k-近似算法是指算法返回的目标函数值与最优值的比值不超过 k. 近似算法的设计和分析中的一个难点是, 我们需要将算法返回的

解与一个(未知的)最优解进行比较, 从而来证明算法得到的解能够保证与最优解相差不超过某个给定的常数. 这将是我们在本章中看到的所有近似算法分析的一个共同特点.

10.1 顶点覆盖问题

在上一章中, 我们证明了顶点覆盖问题是 $\mathcal{NP}$-完全的. 本节将介绍该问题的近似算法.

10.1.1 简单 2-近似算法

我们首先给出顶点覆盖问题的一个简单2-近似算法, 该算法的核心思想是利用顶点覆盖和匹配之间的关系. 为此, 我们来看一下极大匹配的概念, 也体会一下与最大匹配的不同.

✓ **定义 10.2** (极大匹配)

给定图 G 的匹配 M, 如果对任意 $e \notin M$ 都有 $M \cup \{e\}$ 不是 G 的匹配, 我们称 M 是极大的.   □

❖ **算法 10.1** (顶点覆盖问题的简单2-近似算法)

输入:　　　给定无向图 G.

输出:　　　图 G 的顶点覆盖 S.

Step 1:　　令 M 是 G 的一个极大匹配,

$$S = \{v \in V(G) \mid v \text{是 } M \text{ 中某条边的端点}\}.$$

Step 2:　　返回 S.   □

下面, 我们来证明算法 10.1 是顶点覆盖问题的 2-近似算法.

⚠ **断言 10.1**

算法 10.1 返回的顶点子集 S 是 G 的顶点覆盖.   □

证明 假设 S 不是 G 的顶点覆盖, 则存在边 $e = xy \in E(G)$, 使得 $x, y \notin S$. 从而 $M \cup \{e\}$ 仍然是 G 的一个匹配, 这与 M 的极大性矛盾. □

(!) **断言 10.2**

令 S 是算法 10.1 返回的顶点子集, 则有 $|S| \leqslant 2|S^*|$, 其中 S^* 是 G 的最小顶点覆盖. □

证明 因为匹配中的每条边都需要至少一个顶点在 S^* 中, 故 $|S^*| \geqslant |M|$. 从而 $|S| = 2|M| \leqslant 2|S^*|$. □

(!) **断言 10.3**

算法 10.1 是一个多项式时间算法. □

证明 设 G 有 n 个顶点和 m 条边. 算法 10.1 的运行时间取决于寻找 G 的一个极大匹配. 这可以从 $M = \emptyset$ 开始, 从可选边集 $E := E(G)$ 中任选一条边添加到 M: 每添加一条边 $e = xy$, 便把与 x 或 y 关联的所有的边从 E 中删除, 重复此过程, 直到 $E = \emptyset$. 显然, 这个过程终止的时候, 边子集 M 是 G 的一个极大匹配. 由于 $E(G)$ 中的每条边至多被扫描一次, 算法的运行时间为 $O(m + n)$. □

由以上三个断言, 可以直接得到定理 10.1.

定理 10.1

算法 10.1 是顶点覆盖问题的 2-近似算法. □

值得注意的是, 对算法 10.1 近似比的分析是紧的, 即存在图 G 使得运行该算法得到的解恰好是最优解的 2 倍. 考虑完全二部图 $K_{n,n}$, 则 $K_{n,n}$ 的任何极大匹配都是一个完美匹配, 因此算法返回的解是 $S = V(K_{n,n})$. 显然, $K_{n,n}$ 的最小顶点覆盖是取其中的一部分, 即 $|S^*| = n$. 故 $|S| = 2|S^*|$.

10.1.2 带权顶点覆盖的 2-近似算法

在本小节中, 我们给出顶点覆盖问题的另一个 2-近似算法, 这个算法针对更一般的问题: 带权的顶点覆盖问题. 带权的顶点覆盖问题是指: 给定图 $G = (V, E)$ (其中 $V = \{1, 2, \ldots, n\}$) 以及顶点的赋权 $w_i \geq 0$, 求一个权和最小的顶点覆盖 S, 即 $w(S) := \sum_{i \in S} w_i$ 最小. 请注意, 如果所有顶点的权 $w_i = 1$, 则带权的顶点覆盖问题就是通常的顶点覆盖问题. 因而, 带权的顶点覆盖问题更难.

我们将利用线性规划这一强大技术来给出带权顶点覆盖问题的 2-近似算法.

下面, 我们将带权顶点覆盖问题建模成整数规划问题. 给定图 $G = (V, E)$ 以及顶点的赋权 $w_i \geq 0$, 求 G 的最小带权顶点覆盖可以写成如下整数规划问题:

$$
\begin{aligned}
\text{(VC.IP)} \quad \min \quad & \sum_{i=1}^{n} w_i x_i, \\
\text{s.t.} \quad & \begin{cases} x_i + x_j \geq 1, & \text{任意 } (i, j) \in E, \\ x_i \in \{0, 1\}, & \text{任意 } i \in V. \end{cases}
\end{aligned}
$$

这里, $x_i \in \{0, 1\}$ 是对应于顶点 i 的决策变量: 若 $x_i = 1$, 则表示把顶点 i 选入最小顶点覆盖; 若 $x_i = 0$, 则表示不将顶点 i 选入最小顶点覆盖中. 要满足约束 $x_i + x_j \geq 1$, 则必须有 $x_i \geq 1$ 或 $x_j \geq 1$, 也就是边 (i, j) 至少有一个端点会被选入顶点覆盖中.

ⓘ 断言 10.4

设 S 是 G 的顶点子集, 令 $\boldsymbol{x}_S$ 为 n 维 0-1 向量, 其中它的第 i 个分量为 1 当且仅当 $i \in S$. 则 S 是 G 的顶点覆盖当且仅当 $\boldsymbol{x}_S$ 满足 (VC.IP) 的约束条件. 另外, $w(S) = \boldsymbol{w}^\top \boldsymbol{x}_S$, 其中 $\boldsymbol{w} = (w_1, w_2, \ldots, w_n)^\top$.   □

上述断言实际上给出了从顶点覆盖问题到整数规划问题的多项式时间归约, 因而整数规划问题是 $\mathcal{NP}$-完全的. 从而, 试图通过求解整数规划来求解带权的顶点覆盖问题是行不通的. 那么我们该如何求解? 我们知道线性规划问题是多项式可解的, 因此一个自然的想法便是将 (VC.IP) 中 $x_i \in$

$\{0,1\}$ 这个约束条件松弛为 $0 \leqslant x_i \leqslant 1$. 这样, 我们就得到一个线性规划:

$$(\text{VC.LP}) \quad \min \quad \sum_{i=1}^{n} w_i x_i,$$

$$\text{s.t.} \quad \begin{cases} x_i + x_j \geqslant 1, & \text{任意} (i,j) \in E, \\ 0 \leqslant x_i \leqslant 1, & \text{任意} i \in V. \end{cases}$$

我们可以利用 Khachiyan 的椭圆算法或者 Karmarkar 的内点算法 (这些算法可以在 [22] 中找到) 在多项式时间内得到 (VC.LP) 的最优解 $\boldsymbol{x}^*$. 记 $w_{LP} = \boldsymbol{w}^{\top} \boldsymbol{x}^*$.

 引理 10.1

令 S^* 是 G 的最小顶点覆盖, 则有 $w(S^*) \geqslant w_{LP}$. □

证明 根据断言 10.4, 我们知道 $w(S^*)$ 是 (VC.IP) 的最优目标函数值. 由于松弛使得可行域变大, 从而最优目标函数值不会增加. □

上述引理是设计近似算法的关键, 它提供了最优值的一个可以在多项式时间内得到的下界. 现在我们讨论 (VC.LP) 的最优解 $\boldsymbol{x}^*$. 如果 $x_i^* = 1$, 显然应该把 i 放入顶点覆盖中; 如果 $x_i^* = 0$, 显然不应该把 i 放入顶点覆盖中; 但是如果 x_i^* 的值介于 0 和 1 之间呢? 如果 $x_i^* = 0.4$ 或 $x_i^* = 0.6$, 是否应该将 i 放入顶点覆盖中? 决定是否将某个顶点放入顶点覆盖中的一个自然的想法是舍入: 如果 $x_i^* \geqslant 0.5$, 那么将 i 放入顶点覆盖中, 否则不将 i 放入其中. 因此, 我们的算法可以总结如下.

算法 10.2 (带权顶点覆盖问题的线性规划舍入算法)

输入: 给定无向图 G 以及顶点的赋权 $w_i \geqslant 0$.

输出: 图 G 的顶点覆盖 S.

Step 1: 通过线性规划的多项式时间算法求得 (VC.LP) 的最优解 $\boldsymbol{x}^*$.

Step 2: 令 $S = \{i \in V \mid x_i^* \geqslant \frac{1}{2}\}$.

Step 3: 返回 S. □

断言 10.5

算法 10.2 返回的 S 是 G 的顶点覆盖. □

证明 因为 $\boldsymbol{x}^*$ 是 (VC.LP) 的最优解, 故对任意边 $(i,j) \in E$, 有 $x_i^* + x_j^* \geqslant 1$. 从而 $x_i^* \geqslant \frac{1}{2}$ 或 $x_j^* \geqslant \frac{1}{2}$. 根据 S 的定义, 这表明 $i \in S$ 或 $j \in S$. 故 S 是 G 的顶点覆盖. □

断言 10.6

令 S 是算法 10.2 返回的顶点覆盖, 则有 $w(S) \leqslant 2w(S^*)$, 其中 S^* 是最小顶点覆盖. □

证明
$$w(S^*) \geqslant w_{LP} = \sum_{i \in V} w_i x_i^* \geqslant \sum_{i \in S} w_i x_i^* \geqslant \frac{1}{2} \sum_{i \in S} w_i = \frac{1}{2} w(S),$$
其中第一个不等式是由引理 10.1 得到的. 从而 $w(S) \leqslant 2w(S^*)$. □

由上述断言可直接得到定理 10.2.

定理 10.2

算法 10.2 是带权顶点覆盖问题的 2-近似算法. □

10.2 旅行售货商问题

在上一章中, 我们证明了旅行售货商问题是 $\mathcal{NP}$-完全的. 一个很自然的想法是: 我们能否设计旅行售货商问题的常数近似比的近似算法? 很不幸, 这个问题的回答是否定的.

定理 10.3

除非 $\mathcal{P} = \mathcal{NP}$, 对任意的 $k \geqslant 1$, 不存在旅行售货商问题的 k-近似算法. □

证明 假设存在旅行售货商问题的 k-近似算法 $\mathcal{A}$. 我们将证明存在一个 Hamilton 圈问题的多项式时间算法, 从而推出 $\mathcal{P} = \mathcal{NP}$. 给定 Hamilton 圈问题的实例 G, 我们构造一个有 n 个城市的旅行售货商问题的实例 (K_n, c), 其中距离函数如下:

$$c(\{i,j\}) := \begin{cases} 1, & \text{如果 } \{i,j\} \in E(G), \\ 2+(k-1)n, & \text{如果 } \{i,j\} \notin E(G). \end{cases}$$

现在我们对这个实例调用算法 $\mathcal{A}$, 则 $\mathcal{A}$ 会返回一个环游. 如果这个环游的长度为 n, 则它是 G 的一个 Hamilton 圈; 否则该环游的长度至少为 $n-1+(2+(k-1)n) = kn+1$. 因为 $\mathcal{A}$ 是 k-近似算法, 故 $\frac{kn+1}{\text{OPT}(K_n,c)} \leqslant k$, 其中 $\text{OPT}(K_n,c)$ 是最优环游的费用. 从而 $\text{OPT}(K_n,c) > n$, 这表明 G 没有 Hamilton 圈. 也就是说, G 有 Hamilton 圈当且仅当 $\mathcal{A}$ 返回的环游的长度为 n. 由于 $\mathcal{A}$ 是一个多项式时间算法, 故这是一个求解 Hamilton 圈问题的多项式时间算法. □

在实际应用中, 旅行售货商问题中的距离函数通常满足三角不等式, 这样的旅行售货商问题被称为度量旅行售货商问题.

❓ 问题 10.1 (度量旅行售货商问题)

输入: 　给定边上赋权 $c: E(K_n) \to \mathbb{R}^+$ 的完全图 K_n, 使得对任意 $u,v,w \in V(K_n)$, 都有 $c(uv) + c(vw) \geqslant c(uw)$, 以及实数 K.

问题: 　K_n 是否存在一个 Hamilton 环游的费用不超过 K? □

下面, 我们给出度量旅行售货商问题的两个近似算法, 并用 $\text{OPT}(K_n, c)$ 表示最优 Hamilton 环游的费用.

10.2.1 树算法

我们将利用最小生成树来设计近似算法. 首先, 我们注意到 $\text{OPT}(K_n, c)$ 至少是最小生成树的费用.

⊖ 引理 10.2

令 T 为 K_n 的最小生成树. 则 $\text{OPT}(K_n,c) \geqslant c(T)$. □

证明　令 $H = v_1, v_2, \ldots, v_n, v_1$ 是最优环游. 则 $\mathrm{OPT}(K_n, c) = c(v_1 v_n) + c(P)$, 其中 $P = v_1, v_2, \ldots, v_n$ 是一条 Hamilton 路. 从而

$$\mathrm{OPT}(K_n, c) = c(v_1 v_n) + c(P) \geqslant c(P) \geqslant c(T),$$

其中第一个不等号是由于 c 的非负性, 而第二个不等号是因为 T 是最小生成树. □

上述引理给出了最优值的一个下界, 这正是我们设计近似算法所需要的.

 算法 10.3 (度量旅行售货商问题的树算法)

输入:　给定边赋权完全图 K_n, 其中赋权函数为 c.

输出:　图 K_n 的 Hamilton 环游 H.

Step 1:　令 T 是 K_n 关于赋权函数 c 的最小生成树.

Step 2:　令 G 是将 T 中的每条边都替换成一对平行边后所得到的图. 注意 G 是一个 Euler 图.

Step 3:　令 I 是 G 的一个 Euler 环游.

Step 4:　则 $V(K_n)$ 的顶点首次出现在 I 中的顺序定义了一个 Hamilton 环游 H.

Step 5:　返回 H. □

图 10.1 给出了一个树算法求解度量旅行售货商问题的例子. 问题的实例有 6 座城市 1、2、3、4、5、6, 任何两座城市之间的距离是通常的欧氏距离; 图 10.1 (B) 中给出了一棵最小生成树 T, 而图 10.1 (C) 中给出了将 T 的每条边都替换为一对平行边之后的图 G 及其 Euler 环游; 最后, 算法返回的 Hamilton 环游 H 如图 10.1 (D) 所示, 该环游的费用为 $6 + \sqrt{2}$. 我们注意到, 该实例的最优 Hamilton 环游为 $1, 2, 3, 6, 5, 4, 1$, 其费用为 6.

由于求图的最小生成树以及 Euler 图的 Euler 环游都可以在多项式时间内完成, 因此算法 10.3 是多项式时间算法. 下面, 我们证明该算法的近似比为 2. 为此, 我们首先证明如下引理.

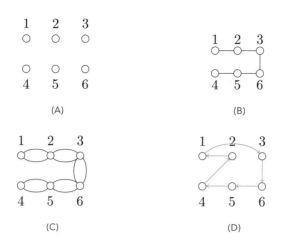

图 10.1 树算法的一个例子. (A) 一个 6 座城市的度量旅行售货商问题的实例 (K_6, c), 其中距离函数 c 为通常的欧氏距离; (B) 一棵最小生成树 T; (C) 将 T 中每条边替换成两条平行边后的图 G, 其中图 G 的一条 Euler 环游为 $3, 6, 5, 4, 5, 6, 3, 2, 1, 2, 3$; (D) 树算法返回的 Hamilton 环游为 H: $3, 6, 5, 4, 2, 1, 3$.

⊙ 引理 10.3

给定度量旅行售货商问题的一个实例 (K_n, c) 以及包含 $V(K_n)$ 中每个顶点的一个连通 Euler 图 G (允许有重边). 我们可以在线性时间内找到 K_n 的一个 Hamilton 环游 H, 使得 $c(H) \leqslant c(G)$. □

证明 我们知道可在线性时间内求得 Euler 图的一条 Euler 环游. 于是 G 的所有顶点在这条环游中首次出现的顺序定义了一条 Hamilton 环游 H. 由于 c 满足三角不等式, 忽略重复顶点相当于 "走捷径", 所以 $c(H) \leqslant c(G)$. □

定理 10.4

令 H 是算法 10.3 返回的 Hamilton 环游, 则 $c(H) \leqslant 2\,\mathrm{OPT}(K_n, c)$. □

证明 由引理 10.2 以及引理 10.3, 我们有
$$c(H) \leqslant c(G) = 2c(T) \leqslant 2\,\mathrm{OPT}(K_n, c),$$
从而定理得证. □

定理 10.5

算法 10.3 是度量旅行售货商问题的 2-近似算法.   □

10.2.2 Christofides 算法

在本小节中, 我们将介绍 Nicos Christofides 在 1976 年发现的度量旅行售货商问题的一个 $\frac{3}{2}$-近似算法. 在树算法中, 我们将最小生成树的每条边都用一对平行边替换, 从而得到一个 Euler 图. Christofides 观察到, 由于任何图中奇数度顶点的个数总是偶数个, 只需要将这些奇数度顶点两两配对, 然后在配对的顶点之间添加边, 就能构造出一个 Euler 图. 这就是 Christofides 的主要思想, 算法的具体流程如下.

 算法 10.4 (Christofides 算法)

输入: 给定边赋权完全图 K_n, 其中赋权函数为 c.

输出: 图 K_n 的 Hamilton 环游 H.

Step 1:   令 T 是 K_n 关于赋权函数 c 的最小生成树.

Step 2:   令 W 是 T 中度为奇数的顶点集合.

Step 3:   令 M 是 $K_n[W]$ 的一个关于 c 的最小权完美匹配.

Step 4:   将 M 中的所有边加入 T 中得到图 G. 注意 G 是一个 Euler 图.

Step 5: $V(K_n)$ 的顶点第一次出现在 G 的 Euler 环游中的顺序定义了一个 Hamilton 环游 H.

Step 6:   返回 H.   □

如果我们将 Christofides 算法运用到图 10.1 的实例中, 那么算法会添加边 14 到图 10.1 (B) 的最小生成树 (该生成树中只有 1 和 4 是奇数度顶点) 中得到一个 Euler 子图, 从而返回最优 Hamilton 环游 $1, 2, 3, 4, 6, 5$.

断言 10.7

Christofides 算法是多项式时间算法.   □

证明 求图的最小生成树、Euler 环游以及最小权完美匹配都是多项式可解的, 故断言成立. □

🡒 引理 10.4

令 H 是算法 10.4 返回的 Hamilton 圈, 则 $c(H) \leqslant \frac{3}{2} \mathrm{OPT}(K_n, c)$. □

证明 设 T, W, M, G, H 如算法 10.4 中所定义. 由引理 10.3 可知, $c(H) \leqslant c(G)$. 下面证明 $c(G) \leqslant \frac{3}{2} \mathrm{OPT}(K_n, c)$. 根据 G 的构造,

$$c(G) = c(T) + c(M).$$

令 (K_n, c) 的最优 Hamilton 环游为 H^*. 由于任意图中度为奇数的顶点个数为偶数, 不妨假设 $W = \{i_1, i_2, \ldots, i_{2k}\}$ (其中 $k \geqslant 1$ 为整数), 并且以这样的顺序出现在 H^* 中. 换句话说,

$$H^* = \sigma_0 i_1 \sigma_1 i_2 \ldots \sigma_{2k-1} i_{2k} \sigma_{2k},$$

其中 $\sigma_j \ (0 \leqslant j \leqslant 2k)$ 是 K_n 中某些顶点的序列 (可能为空). 考虑下面的两个匹配:

$$M_1 = \{i_1 i_2, i_3 i_4, \ldots, i_{2k-1} i_{2k}\},$$
$$M_2 = \{i_2 i_3, i_4 i_5, \ldots, i_{2k} i_1\}.$$

参看图 10.2 中的蓝边和绿边. 因为 c 满足三角不等式, $\mathrm{OPT}(K_n, c) \geqslant c(M_1) + c(M_2) \geqslant 2c(M)$, 从而 $c(M) \leqslant \frac{1}{2} \mathrm{OPT}(K_n, c)$.

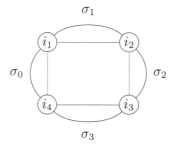

图 10.2 引理 10.4 证明的解释, 为方便起见, 假设 T 有 $2k = 4$ 个奇数度顶点, 其中蓝边为 M_1, 绿边为 M_2. 由于 c 满足三角不等式, 故 $c(M_1) \leqslant c(\sigma_1) + c(\sigma_3)$ 且 $c(M_2) \leqslant c(\sigma_0) + c(\sigma_2)$.

根据引理 10.2, 我们有

$$c(G) = c(T) + c(M)$$

$$\leqslant \mathrm{OPT}(K_n, c) + \frac{1}{2}\,\mathrm{OPT}(K_n, c)$$

$$\leqslant \frac{3}{2}\,\mathrm{OPT}(K_n, c),$$

从而引理得证. □

定理 10.6

Christofides 算法是度量旅行售货商问题的 $\frac{3}{2}$-近似算法. □

10.3 Steiner 树问题

在本节中, 我们考虑一个著名的网络连通性问题, 即 Steiner 树问题. 我们回顾一下这个问题及相关概念.

⊘ **定义 10.3** (Steiner 树)

令 G 是无向图且 $T \subseteq V(G)$. 图 G 中 T 的 **Steiner 树**是一棵树 S, 使得 $T \subseteq V(S) \subseteq V(G)$ 且 $E(S) \subseteq E(G)$. 集合 T 的元素称为**终端**, 而那些在 $V(S) \setminus T$ 中的顶点称为 S 的 **Steiner 点**. □

❓ **问题 10.2** (Steiner 树问题)

输入: 给定无向图 G、边上的赋权 $c : E(G) \to \mathbb{R}^+$ 以及顶点子集 $T \subseteq V(G)$.

问题: 求 T 的权值最小的 Steiner 树. □

例 10.1 考虑图 10.3 中的实例 (G, c, T), 其中 $T = \{2, 4\}$. 显然, T 有 3 棵不同的 Steiner 树 (蓝色边表示), 很容易找到权和最小的. □

不难证明 Steiner 树问题是 $\mathcal{NP}$-完全的, 因此在 $\mathcal{P} \neq \mathcal{NP}$ 的假设下, 不存在求解 Steiner 树问题的多项式时间算法. 下面我们给出这个问题的一个 2-近似算法. 为此, 我们首先定义度量闭包的概念.

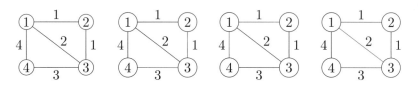

图 10.3 一个 Steiner 树问题的实例以及所有的 Steiner 树.

⊘ 定义 10.4 (度量闭包)

给定无向图 G 以及边上的赋权 $c : E(G) \to \mathbb{R}^+$, (G,c) 的度量闭包是有序对 $(\bar{G}, \bar{c})$, 其中 $\bar{G}$ 是简单无向图, 它的顶点集是 $V(G)$ 并且对任何 $x, y \in V(G)$, $\{x, y\}$ 是 $\bar{G}$ 的一条边当且仅当存在 G 的一条连接 x 和 y 的路; 而 $\bar{c}$ 是 $E(\bar{G})$ 到非负实数的映射, 使得对任意 $e \in E(\bar{G})$, $\bar{c}(e)$ 为 G 中 x 和 y 之间的距离, 即 $\bar{c}(e) = \mathrm{dist}_{(G,c)}(x, y)$. □

显然, 如果 $(\bar{G}, \bar{c})$ 是 (G,c) 的度量闭包, 则 $\bar{c}$ 满足三角不等式. 下面, 我们利用度量闭包给出 Steiner 树问题的近似算法, 该算法被称为 Kou-Markowsky-Berman 算法.

◈ 算法 10.5 (Kou-Markowsky-Berman 算法)

输入: 给定连通无向图 G、边上的赋权 $c : E(G) \to \mathbb{R}^+$ 以及顶点子集 $T \subseteq V(G)$.

输出: T 的一棵 Steiner 树.

Step 1: 求出 (G,c) 的度量闭包 $(\bar{G}, \bar{c})$, 以及 T 中任意两个顶点 s, t 之间的关于 (G,c) 的最短路 P_{st}.

Step 2: 求 $\bar{G}[T]$ 关于 $\bar{c}$ 的最小生成树 M. 令 $V(S) = \bigcup_{\{x,y\} \in E(M)} V(P_{xy})$ 及 $E(S) = \bigcup_{\{x,y\} \in E(M)} E(P_{xy})$.

Step 3: 返回图 S 的一棵生成树. □

下面, 我们来分析 Kou-Markowsky-Berman 算法. 显然, 该算法的输出是一棵 T 的 Steiner 树, 因而算法的正确性得以证实. 由于最短路问题以及最小生成树问题都能在多项式时间内求解, 因此该算法是多项式时间算法.

⊙ **引理 10.5**

令 S' 是算法 10.5 返回的 Steiner 树, 而 S^* 是 T 的最优 Steiner 树, 则有

$$c(E(S')) \leqslant 2c(E(S^*)).$$ ☐

证明 由于 S' 是 S 的子图, 故只需证 $c(E(S)) \leqslant 2c(E(S^*))$. 根据 S 的构造, 我们有

$$c(E(S)) = \bar{c}(E(M)).$$

令 H 是把 S^* 中每条边都替换成一对平行边后所得的图, 则 H 是 Euler 图, 故有一个 Euler 回路 W. T 中顶点首次出现在 W 的顺序定义了 $\bar{G}[T]$ 的一个 Hamilton 圈 W'. 因为 $\bar{c}$ 满足三角不等式, 故 $\bar{c}(E(W')) \leqslant \bar{c}(E(W))$. 因为 $E(W)$ 中每条边都是 G 的边, $\bar{c}(E(W)) \leqslant c(E(W))$, 所以

$$\bar{c}(E(W')) \leqslant c(E(W)) = c(E(H)) = 2c(E(S^*)).$$

因为 W' 是一条边和一棵 $\bar{G}[T]$ 的生成树的并, 并且每条边的权是非负的, 故 $\bar{c}(E(W')) \geqslant \bar{c}(E(M))$. 因此,

$$c(E(S)) = \bar{c}(E(M)) \leqslant \bar{c}(E(W')) \leqslant C(E(W)) = 2C(E(S^*)),$$

引理得证. ☐

定理 10.7

算法 10.5 是 Steiner 树问题的 2-近似算法. ☐

10.4 背包问题

回忆一下, 背包问题是如下的计算问题: 给定 n 个物品, 其中第 i 个物品的重量为 w_i, 价值为 v_i, 我们的目标是选择若干物品放入一个背包中, 使得在放入物品总重量不超过 W 的情况下, 最大化背包中物品的总价值. 上

一章中, 我们证明了背包问题是 $\mathcal{NP}$-完全的. 在本节中, 我们将介绍背包问题的近似算法. 该近似算法的特点在于, 给定一个精度参数 $\epsilon > 0$, 该算法将在多项式时间内 (关于输入规模和 ϵ 的多项式) 给出一个解, 使得问题的最优值不超过算法返回值的 $1 + \epsilon$ 倍. 这样的近似算法称为**完全多项式时间近似方案**.

为了设计背包问题的完全多项式时间近似方案, 我们需要求解该问题的一个伪多项式时间的动态规划算法. 从现在开始, 我们假定背包问题的实例中, 第 i 个物品的重量为 w_i, 价值为 v_i $(1 \leqslant i \leqslant n)$, 背包的重量为 W.

➲ 引理 10.6

假设背包问题的物品价值 v_i 是整数, 那么有 n 个物品的背包问题能够在 $O(n^2 v^*)$ 时间内求解, 其中 $v^* = \max_{1 \leqslant i \leqslant n} v_i$. □

证明 我们给出该问题的一个动态规划算法. 为此, 我们需要定义与物品价值有关的子问题. 如果给定一个价值阈值 v 以及正整数 $i \in \{1, 2, \ldots, n\}$, 我们需要多重的背包才能在前 i 个物品中选择若干个放入背包中, 使得背包中物品的总价值至少为 v? 这个问题启发我们定义如下的子问题: 记 $\mathrm{OPT}(i, v)$ 表示最小的背包重量 w, 使得能够在前 i 个物品中选择价值至少为 v 的物品. 显然, 背包问题的最优值是使得 $\mathrm{OPT}(n, v)$ 不超过 W 的最大的 v. 由于 $0 \leqslant i \leqslant n$ 以及 $0 \leqslant v \leqslant \sum_{i=1}^{n} v_i \leqslant n v^*$, 子问题的个数为 $O(n^2 v^*)$.

我们注意到, 对于给定的 $0 \leqslant i \leqslant n$, 若 $v > \sum_{j=1}^{i} v_j$, 则 $\mathrm{OPT}(n, v)$ 是没有定义的, 因为即使把所有 i 个物品都放入背包也达不到价值 v. 显然, 对所有的 $i = 0, 1, \ldots, n$, 我们有

$$\mathrm{OPT}(i, 0) = 0.$$

下面, 我们给出动态规划的递归关系. 如果我们知道了所有的 $\mathrm{OPT}(i - 1, v)$, 如何计算 $\mathrm{OPT}(i, v)$? 可以考虑与 $\mathrm{OPT}(i, v)$ 对应的最优解 $\mathcal{O}$ 中是否选择了第 i 个物品:

- 若 $i \notin \mathcal{O}$, 则 $\mathrm{OPT}(i, v) = \mathrm{OPT}(i - 1, v)$;
- 若 $i \in \mathcal{O}$, 我们又可以分两种情况:

(1) 若 i 是背包中的唯一物品, 则 $\text{OPT}(i,v) = w_i$;

(2) 若 i 不是背包中的唯一物品, 则 $\text{OPT}(i,v) = w_i + \text{OPT}(i-1, v-v_i)$.

这两种子情况可统一表示为 $\text{OPT}(i,v) = w_i + \text{OPT}(i-1, \max\{v-v_i, 0\})$.

从而, 对 $1 \leqslant i \leqslant n$ 及 $0 \leqslant v \leqslant \sum_{j=1}^{i} v_j$, 我们得到如下递归关系:

$$\text{OPT}(i,v) =$$

$$\begin{cases} w_i + \text{OPT}(i-1, \max\{v-v_i, 0\}), & \text{如果 } v > \sum_{j=1}^{i-1} v_j, \\ \min\{\text{OPT}(i-1,v), \\ \qquad w_i + \text{OPT}(i-1, \max\{v-v_i, 0\})\}, & \text{如果 } v \leqslant \sum_{j=1}^{i-1} v_j. \end{cases}$$

因为计算每个 $\text{OPT}(i,v)$ 只需常数时间, 算法运行时间为 $O(n^2 v^*)$.　□

例 10.2 我们将引理 10.6 中的动态规划算法运用到下述实例中:

- $n = 3, W = 5$;

- $w_1 = 1, w_2 = 2, w_3 = 3, v_1 = 1, v_2 = 3, v_3 = 2$.　□

则我们可以通过上述递归式计算得到所有的 $\text{OPT}(i,v)$, 并记录到如图 10.4 所示的表格中. 由于 $W = 5$, 因此该实例的最优值为所有 $\text{OPT}(3,v)$ 不超过 5 的最大的 v, 即 $v = 5$.

n/v	0	1	2	3	4	5	6
0	0						
1	0	1					
2	0	1	2	2	3		
3	0	1	2	2	4	5	6

图 10.4 所有 $\text{OPT}(i,v)$ 的值; 没有列出的地方表示 $\text{OPT}(i,v)$ 没有定义.

上述动态规划算法不是多项式时间算法, 因为运行时间依赖于价值的大小 v^*, 其中 v^* 的输入规模为 $\lceil \log v^* \rceil + 1$. 但是, 通常我们可以利用这样的伪多项式时间算法来设计完全多项式时间近似方案, 其基本思想如下: 如果 v^* 很小, 那么动态规划算法本身已经是多项式时间算法; 如果 v^* 很大, 由于只需要近似解, 我们可以不直接求解原问题, 而是引入一个舍入参数 b (b 的取值随后再确定), 并用动态规划求解一个所有价值为 b 的整数倍的实例. 具体地, 对于第 i 个物品, 令 $\tilde{v}_i = \lceil v_i/b \rceil b$. 请注意, 这个舍入后的值与原来的值相差不大.

⚠ **断言 10.8**

$$v_i \leqslant \tilde{v}_i \leqslant v_i + b.$$ □

证明   因为对任何实数 x 都有

$$x \leqslant \lceil x \rceil \leqslant x + 1,$$

断言得证. □

通过舍入, 我们得到了什么? 由于所有 $\tilde{v}_i$ 都是 b 的整数倍, 因此如果我们将所有价值都按比例缩小 b 倍, 那么这个新的实例和原来的实例有相同的可行解, 因而是等价的. 具体地, 令 $\hat{v}_i = \tilde{v}_i/b = \lceil v_i/b \rceil$.

⚠ **断言 10.9**

背包问题输入为 $\tilde{v}_i$ 的实例和输入为 $\hat{v}_i$ 的实例是等价的, 即这两个实例具有完全相同的可行解. 从而, 这两个实例的最优解相同, 并且最优值恰好相差 b 倍. □

证明   由于在这两个实例中, W 和 w_i 相同, 故有相同的可行解, 从而断言得证. □

现在我们给出如下的近似算法.

 算法 10.6 (Knapsack-Approx(ϵ))

输入: n 个物品, 其中第 i 个物品的重量为 w_i, 价值 v_i; 背包的重量为 W.

输出: 物品的子集合 S.

Step 1:   令 $b = \frac{\epsilon}{2n} \max_{1 \leqslant i \leqslant n} v_i$.

Step 2:   用引理 10.6 中给的动态规划算法求解价值为 $\hat{v}_i = \lceil v_i/b \rceil$ 的实例.

Step 3:   返回动态规划算法所得的物品集 S. □

为方便起见, 我们假定 ϵ^{-1} 是整数 (这个假定不会影响算法的分析).

⚠ **断言 10.10**

算法 10.6 返回的物品集 S 是原问题的可行解, 并且该算法是多项式时间算法.   □

证明 该断言的第一个结论可由断言 10.9 得到. 下面, 我们说明这是一个多项式时间算法. 令第 j 个物品是所有物品中价值最大的, 即 $v_j = \max_{1 \leqslant i \leqslant n} v_i$. 则 $\hat{v}_j$ 也是所有 $\hat{v}_i$ 中最大的, 并且, $\hat{v}_j = \lceil v_j/b \rceil = 2n\epsilon^{-1}$. 根据引理 10.6, 算法的运行时间为 $O(n^3\epsilon^{-1})$. 当 ϵ 是一个给定的常数时, 这是一个多项式时间算法.   □

下面, 我们证明算法 10.6 返回的物品集 S 是一个好的近似解.

⚠ **断言 10.11**

设 S^* 是原问题的最优解, 则 $\sum_{i \in S^*} v_i \leqslant (1 + \epsilon) \sum_{i \in S} v_i$.   □

证明 由于 S 是算法返回的关于 $\hat{v}_i$ 的最优解, 故由断言 10.9, 我们有

$$\sum_{i \in S} \tilde{v}_i \geqslant \sum_{i \in S^*} \tilde{v}_i.$$

由于舍入值 $\tilde{v}_i$ 与原始值 v_i 相差不远 (断言 10.8), 故

$$\sum_{i \in S^*} v_i \leqslant \sum_{i \in S^*} \tilde{v}_i \leqslant \sum_{i \in S} \tilde{v}_i \leqslant \sum_{i \in S} (v_i + b) \leqslant \sum_{i \in S} v_i + nb.$$

这表明算法得到的解的目标函数值最多比最优目标函数值小 nb. 因此, 为了得到一个相对误差, 我们需要比较 nb 和 $\sum_{i \in S} v_i$.

令 j 是所有物品中价值最大的物品. 根据 b 的选择, 我们有 $v_j = \tilde{v}_j = 2n\epsilon^{-1}b$. 假设单个物品的体积小于背包体积. 由于单个物品是可行解, 故有 $\sum_{i \in S} \tilde{v}_i \geqslant \tilde{v}_j = 2n\epsilon^{-1}b$. 根据上面的不等式, 有

$$\sum_{i \in S} v_i \geqslant \sum_{i \in S} \tilde{v}_i - nb \geqslant (2\epsilon^{-1} - 1)nb,$$

故当 $\epsilon \leqslant 1$ 时, 有

$$nb \leqslant \epsilon \sum_{i \in S} v_i.$$

这就证明了我们的结论.   □

定理 10.8

算法 10.6 是背包问题的完全多项式时间近似方案.　　　　　　　□

10.5　拓展阅读

尽管寻求问题近似解的方法早在几千年前就已被人使用 (比如 π 的近似计算), 但近似算法的概念直到 20 世纪后期才被提出. 1966 年, Graham [14] 给出的平行机排序问题的近似算法被公认为第一个近似算法. 自那以后, 成千上万的近似算法不断涌现.

Vazirani 的专著 *Approximation Algorithms* [42] 以及堵丁柱、葛可一、胡晓东的专著《近似算法的设计与分析》[46] 系统介绍了近似算法的理论和应用. 其他一些包含近似算法章节的经典教材有:

(1) *Combinatorial Optimization: Theory and Algorithms* [22];

(2) *Combinatorial Optimization: Algorithms and Complexity* [31];

(3) *Computers and Intractability: A Guide to the Theory of $\mathcal{NP}$-completeness* [13];

(4) *Algorithm Design* [38];

(5) *Introduction to Algorithms* [8].

度量旅行售货商问题的树算法在 [34] 中给出, Christofides 在 1976 年发现了他的 $\frac{3}{2}$-近似算法. 几十年来, Christofides 算法一直是求解这个问题最好的近似算法. 直到 2021 年, Anna Karlin, Nathan Klein, Shayan Oveis Gharan [17] 给出了该问题的一个 $(\frac{3}{2} - \epsilon)$-近似算法. 这个突破性成果获得了 Symposium on Theory of Computing (STOC)[1] 2021 年的最佳论文奖.

---

[1] 美国计算机协会 (ACM) 主办的理论计算机顶尖会议.

基础练习

1. 举例说明最大匹配和极大匹配的关系.

2. 带权顶点覆盖问题的 2-近似算法中, 若将舍入规则改为"如果 $x_i^* \geqslant 0.6$, 则将 i 放入 S 中, 否则不放入 S 中", 那么根据断言 10.6 的证明, 可以推出 $w(S) \leqslant \frac{5}{3}w(S^*)$, 从而得到一个 "$\frac{5}{3}$-近似算法". 为什么我们不能这样做?

3. 通过考虑完全图说明 $w(S^*) - w_{LP}$ 可以任意大.

4. 有学者证明, 在唯一博弈猜想 (Unique Game Conjecture) 成立的假设下, 对任意 $k < 2$, 不存在带权顶点覆盖问题的 k-近似算法. 阐述什么是唯一博弈猜想.

5. 对下面的度量旅行售货商问题的实例运行树算法, 给出算法返回的 Hamilton 环游.

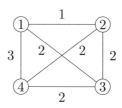

图 10.5

6. 对上面的度量旅行售货商问题的实例运行 Christofides 算法, 给出算法返回的 Hamilton 环游.

7. 对下面 Steiner 树的实例运行 Kou-Markowsky-Berman 算法, 其中终端 T 为中间的三个顶点, a 是一个正整数. 给出算法返回的 Steiner 树, 并与最优 Steiner 树做比较.

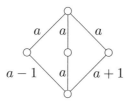

图 10.6

8. 对下面背包问题的实例运行引理 10.6 中的动态规划算法:

  - $n = 4, W = 7$;
  - $w_1 = 1, w_2 = 4, w_3 = 2, w_4 = 5$,
    $v_1 = 1, v_2 = 3, v_3 = 2, v_4 = 3$.

提升练习 1. 证明树算法的分析是紧的, 即对于任意的正整数 n, 构造一个 n 座城市的实例 (K_n, c), 使得树算法返回的目标函数值和最优目标函数值的比值可以任意接近 2.

2. 证明 Christofides 算法的分析是紧的, 即存在实例使得算法返回的目标函数值与最优目标函数值的比值可以任意接近 $\frac{3}{2}$.

3. 设 (G, c, T) 是 Steiner 树问题的实例. 若 c 满足三角不等式, 证明 $c(S) \leqslant 2c(S^*)$, 其中 S 为 G 的最小生成树, 而 S^* 是最优 Steiner 树.

4. 在断言 10.11 的分析中, 我们考虑以下更简单的"论证"来得到 $nb \leqslant \epsilon \sum_{i \in S} v_i$: 由于单个物品是可行解, $\sum_{i \in S} v_i \geqslant v_j \geqslant n\epsilon^{-1} b$, 从而 $nb \leqslant \epsilon \sum_{i \in S} v_i$. 指出这个论证的问题所在.

5. 给出最大割问题的 2-近似算法.

6. 给定集合 U 及其子集 $S_1, S_2, \ldots, S_m$, 若 $U = S_1 \cup S_2 \cup \cdots \cup S_m$, 则称 $S_1, S_2, \ldots, S_m$ 是 U 的覆盖. 集合覆盖问题是指给定集合 U 以及 U 的子集族 $\mathcal{F} = \{S_1, S_2, \ldots, S_m\}$, 寻找 U 的覆盖 $\mathcal{F}' \subseteq \mathcal{F}$ 使得 $|\mathcal{F}'|$ 最小.

   该问题有一个很自然的贪心算法: 每次从 $\mathcal{F}$ 中选择能够覆盖最多元素的集合, 直到 U 中所有元素都被覆盖. 该算法的伪代码如下.

   ◆ 算法 10.7 (集合覆盖问题的贪心算法)
   输入:‾‾‾ U 以及 U 的子集族 $\mathcal{F} = \{S_1, S_2, \ldots, S_m\}$.
   输出:‾‾‾ U 的覆盖 $\mathcal{F}'$.
   　　　令 $R := U$ 以及 $\mathcal{F}' = \emptyset$.
   　　　While $R \neq \emptyset$
   　　　　　选择 $S_i \in \mathcal{F}$ 使得 $|S_i \cap R|$ 最大;
   　　　　　将 S_i 从 $\mathcal{F}$ 中移除并加入 $\mathcal{F}'$ 中;
   　　　　　令 $R = R \setminus S_i$;
   　　　返回 $\mathcal{F}'$.　　　　　　　　　　　　　　　　　　　□

   证明: 这个算法的近似比为 $\log |U| + 1$.

7. 证明: 在 $\mathcal{P} \neq \mathcal{NP}$ 的假定下, 对任何 $k < \frac{4}{3}$, 图的色数不存在 k-近似

算法. (提示: 如果这样的算法存在, 3-染色问题可以在多项式时间内求解.)

实践练习　1.　通过查阅文献给出除背包问题以外的具有完全多项式时间近似方案的离散优化问题.

2.　考虑下面的负载均衡问题. 假设我们有 m 台机器以及 n 个工件, 其中第 j 个工件的加工时间为 t_j. 我们的目标是将这 n 个工件安排到这 m 台机器上, 使得所有工件完工的时间尽可能早. 具体地, 如果我们记 $A(i)$ 为安排在第 i 台机器上的工件集合, 那么第 i 台机器的加工时间为

$$T_i = \sum_{j \in A(i)} t_j,$$

从而所有机器完工的时间为

$$T = \max_{1 \leqslant i \leqslant m} T_i.$$

负载均衡问题是给定 m 台机器、n 个工件及每个工件的加工时间 t_j, 求一个分配工件的方案使得 $T = \max_{1 \leqslant i \leqslant m} T_i$ 最小. 可以证明这个问题是 $\mathcal{NP}$-完全的. 请给出这个问题的一个 2-近似算法.

[1] Y. Bengio, A. Lodi, A. Prouvost. Machine learning for combinatorial optimiza-
     tion: a methodological tour d'horizon. *European Journal of Operational Re-
     search*, 290.2 (2021), 405–421.

[2] S. Best. *Traveling Salesman Problem C++ Implementation*. 2015. 见 GitHub 官
     网的 `/samlbest/traveling-salesman` 目录.

[3] O. Borůvka. O jistěm problem minimălním (About a certain minimum problem).
     Prăce morav. přírodověd. spol. v Brně III, 3 (1926), 37–58. In Czech, German
     summary.

[4] O. Borůvka. Příspěvěk k řešení otăzky ekonomickě stavby elektrovodných sítí
     (Contribution to the solution of a problem of economical construction of electri-
     cal networks). Czech. *Elektrotechnický obzor*, 15 (1926), 153–154.

[5] X. Chen, Y. Tian. Learning to perform local rewriting for combinatorial opti-
     mization. In: *Advances in Neural Information Processing Systems*. Volumn 32.
     2019.

[6] S. A. Cook. The complexity of theorem-proving procedures. In: *Proceedings of
     the Third Annual ACM Symposium on Theory of Computing*. 1971, 151–158.

[7] W. J. Cook, W. H. Cunnungham, W. R. Pulleyblank, A. Schrijver. 组合优化.
     李学良, 史永堂, 译. 北京: 高等教育出版社, 2011.

[8] T. H. Cormen, C. E. Leiserson, R. L. Rivest, C. Stein. *Introduction to Algorithms*.
     The MIT Press, 2009.

[9] M. Deudon, P. Cournut, A. Lacoste, Y. Adulyasak, L.-M. Rousseau. Learning
     heuristics for the TSP by policy gradient. In: *Integration of Constraint Program-
     ming, Artificial Intelligence, and Operations Research*. Cham: Springer Interna-
     tional Publishing, 2018, 170–181.

[10] E. W. Dijkstra. A note on two problems in connexion with graphs. *Numerische
     mathematik*, 1 (1959), 269–271.

[11] J. Edmonds. Paths, trees, and flowers. *Canadian Journal of Mathematics*, 17
     (1965), 449–467.

[12] J. Edmonds, E. L. Johnson. Matching, Euler tours and the Chinese Postman.
     Math. Programming, 5 (1973), 88–124.

[13] M. R. Garey, D. S. Johnson. *Computers and Intractability: A Guide to the
     Theory of $\mathcal{NP}$-completeness*. W. H. Freeman, 1979.

[14] R. L. Graham. Bounds for certain multiprocessing anomalies. *The Bell System
     Technical Journal*, 45.9 (1966), 1563–1581.

[15] J. J. Hopfield, D. W. Tank. "Neural" computation of decisions in optimization problems. *Biological Cybernetics*, 52.3 (1985), 141–152.

[16] D. S. Johnson. Approximation algorithms for combinatorial problems. *J. Comput. Sys. Sci.*, 9 (1974), 256–278.

[17] A. R. Karlin, N. Klein, S. O. Gharan. A (slightly) improved approximation algorithm for metric TSP. In: *STOC'21: 53rd Annual ACM SIGACT Symposium on Theory of Computing, Virtual Event, Italy, June 21–25, 2021*. ACM, 2021, 32–45.

[18] R. Karp. Reducibility among combinatorial problems. *Complexity of Computer Computations* (1972), 85–103.

[19] L. G. Khachiyan. A polynomial algorithm in linear programming. *Doklady Akademii Nauk SSSR*, 244 (1979), 1093–1096. English translation: *Soviet Mathematics Doklady*, 20 (1979), 191–194.

[20] E. Khalil, H. Dai, Y. Zhang, B. Dilkina, L. Song. Learning combinatorial optimization algorithms over graphs. In: *Advances in Neural Information Processing Systems*. Volumn 30. 2017.

[21] W. Kool, H. van Hoof, M. Welling. *Attention, Learn to Solve Routing Problems!* 2019. eprint: `arXiv:1803.08475` (stat.ML).

[22] B. Korte, J. Vygen. *Combinatorial Optimization: Theory and Algorithms*. Springer, 2012.

[23] H. W. Kuhn. The Hungarian method for the assignment problem. *Naval Research Logistics Quarterly*, 2 (1955), 83–97.

[24] L. A. Levin. Universal sequential search problems. *Probl. Peredachi Inf.*, 9 (1973), 115–116.

[25] H. Lu, X. Zhang, S. Yang. A learning-based iterative method for solving vehicle routing problems. In: *International Conference on Learning Representations*. 2020.

[26] Q. Ma, S. Ge, D. He, D. Thaker, I. Drori. *Combinatorial Optimization by Graph Pointer Networks and Hierarchical Reinforcement Learning*. 2019. eprint: `arXiv:1911.04936` (cs.LG).

[27] G. L. Miller. Riemann's hypothesis and tests for primality. *J. Comput. Sys. Sci.*, 13 (1976), 300–317.

[28] D. Mishin. *Suboptimal Travelling Salesman Problem (TSP) Solver*. 2015. 见 GitHub官网的 `/dmishin/tsp-solver` 目录.

[29] M. R. Nazari, A. Oroojlooy, L. Snyder, M. Takac. Reinforcement learning for solving the vehicle routing problem. In: *Advances in Neural Information Processing Systems*. Volumn 31. 2018.

[30] J. G. Oxley. *Matroid Theory*. 2nd edition. Oxford University Press, 2011.

[31] C. H. Papadimitriou, K. Steiglitz. *Combinatorial Optimization: Algorithms and Complexity*. Prentice Hall, 1982.

[32] R. C. Prim. The shortest connection networks and some generalizations. *Bell System Technical Journal*, 36.6 (1957), 1389–1401.

[33] M. O. Rabin. Probabilistic algorithm for testing primality. *J. Number Theory*, 12 (1980), 128–138.

[34] D. J. Rosenkrantz, R. E. Stearns, P. M. Lewis. An analysis of several heuristics for the traveling salesman problem. *SIAM Journal on Computing*, 6.3 (1977), 563–581.

[35] B. Sag. *C++ Implementation of Traveling Salesman Problem using Christofides and 2-opt*. 2015. 见 GitHub 官网的 `/beckysag/traveling-salesman` 目录.

[36] M. Sipser. *Introduction to the Theory of Computation*. Cengage Learning, 2012.

[37] K. A. Smith. Neural networks for combinatorial optimization: a review of more than a decade of research. *INFORMS Journal on Computing*, 11.1 (1999), 15–34.

[38] E. Tardos, J. Kleinberg. *Algorithm Design*. Pearson, 2005.

[39] W. T. Tutte. A homotopy theorem for matroids, I and II. *Trans. AMS*, 88 (1958), 153–184.

[40] W. T. Tutte. Matroids and graphs. *Tran. AMS*, 89 (1959), 527–552.

[41] W. T. Tutte. Connectivity in matroids. *Canad. J. Math.*, 18 (1966), 1301–1324.

[42] V. V. Vazirani. *Approximation Algorithms*. Springer, 2013.

[43] O. Vinyals, M. Fortunato, N. Jaitly. Pointer networks. In: *Advances in neural information processing systems*. Volumn 28. 2015.

[44] H. Whitney. The abstract properties of linear dependence. *Am. J. Math.*, 57 (1935), 509–533.

[45] Y. Zhu, Z. Liu. On the shortest arborescence of a directed graph. *Science Sinica*, 14 (1965), 1396–1400.

[46] 堵丁柱, 葛可一, 胡晓东. 近似算法的设计与分析. 北京: 高等教育出版社, 2011.

[47] 堵丁柱, 葛可一, 王杰. 计算复杂性导论. 北京: 高等教育出版社, 2002.

[48] 赖虹建. 拟阵论. 北京: 高等教育出版社, 2002.

[49] 潘承洞, 潘承彪. 初等数论. 北京: 北京大学出版社, 2013.

[50] 邱锡鹏. 神经网络与深度学习. 北京: 机械工业出版社, 2020.

[51] 徐俊明. 图论及其应用. 合肥: 中国科学技术大学出版社, 2019.

人名索引

图书在版编目(CIP)数据

离散优化简明教程 / 史永堂主编,郭强辉等副主编.
-- 北京:高等教育出版社,2023.11(2024.1 重印)
ISBN 978-7-04-061279-0

I. ①离… II. ①史… ②郭… III. ①离散数学 – 教材
IV. ① O158

中国版本图书馆 CIP 数据核字(2023)第 189926 号

策划编辑
赵天夫

责任编辑
赵天夫

书籍设计
张申申

责任校对
王 巍

责任印制
高 峰

出版发行	高等教育出版社	反盗版举报电话
社 址	北京市西城区德外大街 4 号	(010) 58581999 58582371
邮政编码	100120	反盗版举报邮箱
印 刷	廊坊十环印刷有限公司	dd@hep.com.cn
开 本	787mm×1092mm 1/16	通信地址
印 张	14.25	北京市西城区德外大街 4 号
字 数	280 千字	高等教育出版社法律事务部
购书热线	010-58581118	邮政编码
咨询电话	400-810-0598	100120
网 址	http://www.hep.edu.cn	
	http://www.hep.com.cn	本书如有缺页、倒页、脱页等质量问题,
网上订购	http://www.hepmall.com.cn	请到所购图书销售部门联系调换
	http://www.hepmall.com	
	http://www.hepmall.cn	版权所有 侵权必究
版 次	2023 年 11 月第 1 版	物 料 号 61279-00
印 次	2024 年 1 月第 2 次印刷	
定 价	69.00 元	